鸡雄性生殖能力的评价与调控

■ 陈继兰 等 著

U0349062

中国农业科学技术出版社

图书在版编目（CIP）数据

鸡雄性生殖能力的评价与调控 / 陈继兰等著. --北京：中国农业科学技术出版社，2022. 11
　　ISBN 978-7-5116-5954-5

　　Ⅰ.①鸡…　Ⅱ.①陈…　Ⅲ.①公鸡－生殖生理学－研究
Ⅳ.①S831

中国版本图书馆CIP数据核字（2021）第 181926 号

责任编辑　陶　莲
责任校对　李向荣
责任印制　姜义伟　　王思义

出 版 者　中国农业科学技术出版社
　　　　　北京市中关村南大街 12 号　　邮编：100081
电　　话　（010）82109705（编辑室）　　（010）82109702（发行部）
　　　　　（010）82109709（读者服务部）
网　　址　https：// castp.caas.cn
经 销 者　各地新华书店
印 刷 者　北京建宏印刷有限公司
开　　本　170 mm × 240 mm　1/16
印　　张　10.25
字　　数　143 千字
版　　次　2022 年 11 月第 1 版　　2022 年 11 月第 1 次印刷
定　　价　80.00 元

《鸡雄性生殖能力的评价与调控》

著者名单

主　　　著：陈继兰

副　主　著：李云雷　孙研研　刘一帆　薛夫光　杨福剑

其他参著人员：袁经纬　宗云鹤　胡　娟　刘伟平　毕瑜林

王竹伟　富　丽　徐松山　许　红　黄子妍

前　言
Foreword

　　我国饲养家禽已有数千年的历史，家禽业为我国人民提供了丰富的肉蛋产品，是我国畜牧业的支柱产业之一。我国是世界第一养鸡大国，年饲养量超过100亿只，养鸡业的健康发展对于保障优质畜产品供应、提高农村居民收入和维持社会稳定发挥着至关重要的作用。近年来，随着科技的不断进步，家禽生产水平得到了快速的发展，自动化、智能化养殖技术逐步推广普及，产品质量得到有效控制。育种工作的持续开展推动了品种生产性能的全面提升，为产业的快速发展做出了突出的贡献。繁殖效率作为反映雏鸡生产成本的关键经济性状，一直受到业界和学界的重视。

　　数百年前，我国广大的劳动人民就已经意识到繁殖效率对于养鸡经济效益的影响。随着火炕孵化法的发明，农民减少了孵化母鸡的饲养，雏鸡生产效率大大增加。因此产生了专业从事孵化的炕坊，推动了养鸡业的社会化合作分工，形成了现代养鸡业的雏形。近50年来，鸡繁殖领域最重要的技术进步就是人工授精技术（Artificial insemination）的出现，一方面该技术的应用减少了种公鸡的饲养，降低了制种成本；另一方面该技术的出现可以加大公鸡的选择强度，充分发挥优秀种公鸡的遗传潜力，为鸡遗传育种的快速发展提供了技术基础。

　　人工授精技术的广泛应用也提高了对高质量精液的需求。作为衡量公鸡繁殖能力最直接的一类指标，公鸡精液品质决定了种蛋受精率和孵化率，与经济效益有着密切的关联。随着人工授精技术的普及，种鸡公母比例甚至可以达到1∶80以上，种鸡精液质量对鸡群受精率的影响越来越高，且种公鸡在群体遗传中的地位也越来越重要。然而，相对于产肉和产蛋性能的高度选育，育种企业普遍缺乏对精液品质性状选育提高的关注，这导致了种公鸡精液质量下降。尤其是我国地方鸡种，种鸡繁殖能力参差不齐且整体偏低，一些品种中10%～12%的个体精液质量低下。精液质量差直接导致了地方鸡的留种种鸡公母比在1∶10，甚至1∶5，远高于国外品种，制约了地方鸡品种的快速发展。因此，提高精液品质对于提高种公鸡的种用价值，提升种公鸡繁殖效率，提高地方鸡产业化水平有着重要的意义。

相对于哺乳动物，公鸡拥有较为特殊的生殖系统，了解公鸡的生殖基础是提升其繁殖效率的重要前提。为此，本书首先在第一章介绍了公鸡的生殖基础以及与哺乳动物的差异。精液品质评定是开展公鸡精液品质研究的基础。随着计算机辅助精子分析（Computer-assisted sperm analysis，CASA）等新技术的出现和发展，精液品质研究取得了突飞猛进的发展。在本书的第二章，将对种公鸡精液品质评定方法进行详细的阐述。

精液品质与精子发生过程密切相关，受遗传、环境和营养管理的共同影响。公鸡精液品质不仅受到多种睾丸内细胞因子的调节，还可能与精子和精浆中表达的细胞因子有关。在实际生产中，研究人员已经对不同群体的公鸡精液品质遗传参数进行了估计，能够为该性状的选择提高提供参考。不同类型和品种的公鸡精液品质差异也已经被观测到，这些差异可能归因于不同品种特异的遗传背景。在本书的第三章至第五章，将详细阐述遗传因素对种公鸡精液品质的调控作用。

营养和环境因素也能够对精液品质产生影响。例如，精子膜中脂肪酸组成会影响精子膜的流动性和完整性，从而对精子活力产生重要影响。氧化应激是影响精液品质的另一个重要因素。通过营养调控可以改变精子的脂肪酸组成，提高精液的抗氧化状态，改善精液品质。环境因素方面，光照信号可以刺激促性腺激素分泌，从而影响繁殖性能。本书的第六章将详细介绍营养水平和饲养管理对种公鸡精液品质的调控作用。

近年来，随着精液冷冻保存技术（Semen cryopreservation）的发展，公鸡精子冻存在生产和遗传资源保护方面发挥着越来越重要的作用。同时，许多研究人员也意识到公鸡精子抗冻性能的重要性，相关的研究进展将在本书的第七章进行介绍。

本团队牵头完成的"北京油鸡新品种培育与产业升级关键技术研发应用"获得2019年北京市科技进步一等奖和大北农科技奖，影响鸡精子活力机制研究及相关技术研发应用是本成果的重要创新点之一。本书系统深入地介绍了近年来公鸡精液品质领域的研究进展和新技术应用，是一本适合各级畜牧科技人员和养殖场户的实用工具书，还可作农业院校教学及农业农村培训的辅助教材。书中图片如涉及使用权、修改权等事宜，著作权人可以联系作者协商解决。由于时间仓促，加之作者水平和能力的局限，书中难免有疏漏之处，敬请批评指正。

作　者

2022年8月

目 录 / Contents

第一章

公鸡的生殖生理

　　禽类的生殖系统与其他脊椎动物有着较大区别，例如睾丸位于腹腔内，因此鸡能够在相对较高的体温下（40～41℃）维持有效的精子发生；此外，由于缺少副性腺，精浆主要由睾丸输出管、附睾管和输精管共同分泌，精液量少而浓稠。成年公鸡每秒可产生大约3.5万个精子，精子发生速度是哺乳动物的四倍。睾丸作为公鸡最主要的繁殖器官，其不仅负责精了的产生，还具有维持精子生成及产生激素的内分泌功能，对第二性征的发育和性行为的维持有着重要的作用。理解公鸡的生殖基础对于种公鸡精液品质性状的改良有着重要的意义。

第一节 公鸡的生殖系统

公鸡的生殖系统由睾丸、附睾、输精管和交媾器四部分组成（图1-1），交媾器位于泄殖腔腹侧，平时隐藏在泄殖腔结构内。相对于哺乳动物，公鸡的生殖系统全部位于腹腔内部，且缺少前列腺和精囊腺等副性腺（Sasanami et al.，2017）。

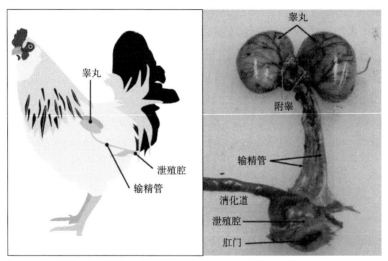

图1-1 公鸡生殖系统位置及组成

（左图资料来源：https://poultry.extension.org/articles/poultry-anatomy/avian-reproductive-system-male/；右图资料来源：http://www.poultrydvm.com/condition/testicular-tumors）

一、睾丸

睾丸是公鸡最重要的生殖器官，具有产生精子和分泌雄激素的双重功能。公鸡的睾丸成对，呈豆形，位于腹腔内，以短的系膜悬吊于肾前叶的腹侧，被腹气囊所包围（陈毅等，2012）。睾丸是公鸡精子发生和性激素分泌的主要场所。未成年公鸡的睾丸很小，如米粒大，呈黄色；成年公鸡的睾丸明显增大，如鸽蛋大小，呈黄白色或白色（图1-2）。

（a）6周龄睾丸；（b）9周龄睾丸；（c）18周龄睾丸。图中左侧白色实线单箭头指示右侧睾丸，右侧黑色实线单箭头指示左侧睾丸；黑色虚线双箭头指示睾丸直径；白色虚线双箭头指示睾丸长度；黑色弧形箭头指示睾丸周长。

图1-2 公鸡不同时期睾丸形态

（资料来源：Udoumoh A F，Igwebuike U M，Okoye C N，et al.，2021. Assessment of age-related morphological changes in the testes of post-hatch light ecotype Nigerian indigenous chicken[J]. Anatomia，Histologia，Embryologia，50（3）：459-466）

公鸡睾丸的发育过程经历细胞分裂期、发育期、成熟期和衰退期4个阶段（申东航，2017）。第一阶段在2～15周龄，这一阶段睾丸重量增加有限，主要是精原细胞的分裂增殖；第二阶段为睾丸快速发育期，在这一阶段公鸡性激素分泌旺盛，睾丸重量显著增加，开始出现成熟精子。第三阶段为睾丸成熟期，公鸡睾丸重量和精液量一般在28～30周达到顶峰，在这一阶段公鸡繁殖性能最高。第四阶段为35周后，睾丸开始自然萎缩，公鸡的繁殖力降低，精液量减少。但若管理恰当，控制公鸡体重，可以延长公鸡的使用时间。

公鸡睾丸主要由大量的曲细精管组成，约占睾丸总体积的2/3，是精子生成的具体场所（Estermann et al.，2021）。曲细精管上含有大量的精原细胞、精母细胞、精细胞、精子和支持细胞（Sertoli cell）。支持细胞是组成血-睾屏障的重要细胞，曲细精管外壁之间有狭长的间质细胞（Leydig cell）及睾丸表面覆盖着的白膜。间质细胞能够产生雄激素，参与睾丸发育和精子发生的调控。支持细胞能够为精子发生提供合适的微环境，并作为营养细胞支持精子的发育。

二、其他雄性生殖器官

附睾由高度盘绕曲折的管道系统组成，紧贴在睾丸两侧，禽类的附睾管道系统由睾丸网、输出管和附睾管构成，参与精子的运输、成熟、重吸收睾丸网液和浓缩精液等生理过程。附睾是哺乳动物精子成熟和贮存的主要场所，然而鸡的附睾不发达，容量仅约100 μL，鸡的精子主要存储于输精管。

鸡的输精管位于睾丸背部，左右各有1条，输精管前端与附睾相连，尾端弯曲膨大并埋于泄殖腔内，容量在700 μL以上。输精管终端变直开口于泄殖腔两侧，并向泄殖腔内突出形成射精管。鸡输精管具有分泌精浆、储存精子、运输精液的作用。

公鸡没有真正的阴茎，只有退化的交媾器，交媾器由位于肛门腹侧缘的生殖突起（阴茎体）、淋巴襞等结构组成。在交配时，公鸡的阴茎体合拢成纵沟，并翻出泄殖腔，精液从射精管流入纵沟而排出体外。

第二节 成熟精子的产生过程

一、公鸡的精子发生

公鸡的精子发生（Spermatogenesis）是一个复杂且严密的生理过程，在睾丸曲细精管中进行，其发生过程与哺乳动物基本一致，包括精原细胞的有丝分裂增殖、初级精母细胞减数分裂为圆形精子细胞、圆形精子细胞向精子细胞的形态分化这3个基本生物学过程（图1-3）（Jones，1993）。公鸡精子的发生周期相对较短，从有丝分裂开始到精子的形成与释放仅14 d左右，远低于小鼠（35 d）和人（64 d）。

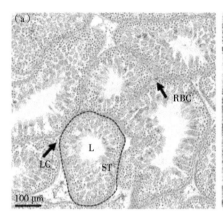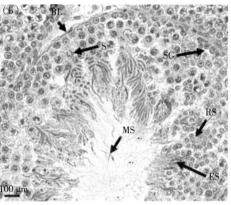

（a）HE低倍镜下染色结果，ST为曲细精管，L为曲细精管腔，LC为间质细胞簇，RBC为存在于小管之间的红细胞；（b）高倍镜下HE染色结果，S为支持细胞，SG为精原细胞，RS为圆形精子细胞，ES为细长精子细胞，BL为基底层，MS为成熟精子。

图1-3　成年公鸡睾丸的组织切片

（资料来源：Estermann M A，Major A T，Smith C A，2021. Genetic regulation of avian testis development[J]. Genes，12（9）：1459）

公鸡精子发生可以分为减数分裂和精子形成两个阶段（Aire et al.，2007）。初级精母细胞是减数分裂前的细胞，具有明显的核结构，通过第一次减数分裂产生次级精母细胞，通过第二次减数分裂形成圆形精子细胞，圆形精子细胞是单倍体细胞。精子形成是精子发生的后期阶段，在此阶段由圆形精子细胞通过形态分化形成精子。不同发育时期的生精细胞与支持细胞共同构成曲细精管上皮。这些细胞在精子生成过程中保持着密切的联系，随着分裂过程的不断发生，各发育时期的生精细胞依次从外周向管腔迁移，最终成熟的精子释放到曲细精管腔。曲细精管中可能存在不同的生精细胞组成方式，鹅体内能够同时存在9种不同的细胞组合方式，远远高于哺乳动物（图1-4，Akhtar et al.，2020）。有文献表明，禽类精原细胞增殖过程中的有丝分裂少于哺乳动物，这可能是造成差异的原因（Thurston et al.，2000）。

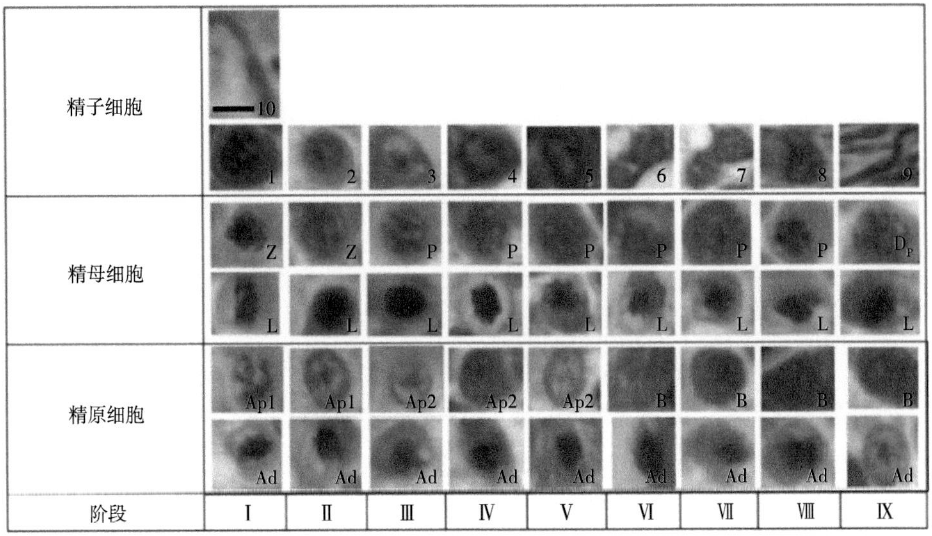

精子细胞									
	1	2	3	4	5	6	7	8	9
精母细胞	Z	Z	P	P	P	P	P	P	Dp
	L	L	L	L	L	L	L	L	L
精原细胞	Ap1	Ap1	Ap2	Ap2	Ap2	B	B	B	B
	Ad	Ad	Ad	Ad	Ad	Ad	Ad	Ad	Ad
阶段	I	II	III	IV	V	VI	VII	VIII	IX

不同字母代表不同的生精细胞，Ad：深色A型精原细胞；Ap1：白色A1型精原细胞；Ap2：白色A2型精原细胞；B：B型精原细胞；L：细线期初级精母细胞；Z：偶线期初级精母细胞；P：粗线期初级精母细胞；Dp：双线期初级精母细胞；II：次级精母细胞；1~10代表精子生成的不同阶段。

图1-4 鹅的精子发生周期

（资料来源：Akhtar M F，Ahmad E，Mustafa S，et al.，2020. Spermiogenesis，stages of seminiferous epithelium and variations in seminiferous tubules during active states of spermatogenesis in Yangzhou goose ganders[J]. Animals，10（4）：570）

尽管禽类与哺乳动物的精子形成机制基本相似，但研究发现禽类的精子形成机制比哺乳动物简单。一般将禽类精子形成分为12个步骤（图1-5），少于哺乳动物的14~19个步骤。在高尔基体期（步骤1~3），主要进行染色质凝结，形成顶体囊泡；在加帽期（步骤4~6），精子细胞核继续浓缩，形成核内管，顶体形成丝状结构的原基；在顶体期（步骤7~9），细胞核逐渐拉长，鞭毛被纤维鞘包裹；在成熟期（步骤10~12），细胞核继续拉长，管腔被支持细胞细胞质包裹，形成成熟精子。

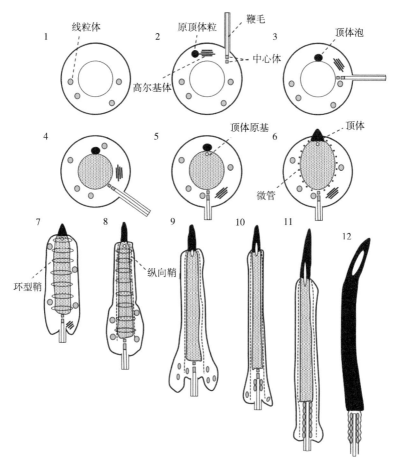

图1-5 家禽精子形成的步骤

（资料来源：Aire T A，2007. Spermatogenesis and testicular cycles[J]. Reproductive biology and phylogeny of birds，1：279-348）

迄今为止的研究结果还表明，鸡精子发生的速度明显快于哺乳动物，单位重量睾丸产生的精子数量是哺乳动物的四倍（Jones et al.，1993）。这种差异可能与公鸡精子在输精管中的传输速度和存活率低于哺乳动物有关。鸟类和哺乳动物之间在排卵方式和交配制度上存在着明显的不同，鸟类雄性之间的竞争是为了频繁地给雌性受精，以便在卵子准备受精时在受精部位提供最优的精子。有研究人员认为，在精子发生方面的差异可能与哺乳动物和鸟类不同的选择压力有关

（Deviche et al.，2011），鸟类和哺乳动物的精子发生是沿着不同的进化发展路线进行的。

二、公鸡精子成熟

公鸡精子成熟是获得繁殖力的前提。公鸡体内不同部位的精子成熟程度不同，睾丸中的精子形态和结构基本成熟，但是不具备运动能力（赵兴绪，2010）。睾丸中的精子悬浮于曲细精管管腔液体内并向睾丸网移动而流入附睾。附睾同时具有重吸收和分泌功能，能够将流入的睾丸液重吸收并分泌酸性磷酸酶、糖蛋白和脂类，精子在附睾中进一步浓缩和成熟，精子活力提高（60%～70%），并具备一定的受精能力。鸡的附睾容量较小，精子由附睾进入并存储于输精管，在输精管中精子密度进一步提高、精子活力进一步增强（70%～90%），输精管末端的精子已完全成熟，其精子活力与射出的新鲜精液基本一致（Matsuzaki and Sasanami，2021）。

众所周知，哺乳动物精子在进入雌性生殖道后，才能获得使卵子受精的能力，这一过程被称为精子获能。精子获能的过程包括脂质组成的改变，精子膜通透性、流动性以及顶体反应的增强等。与哺乳动物不同，公鸡射精后的精子在受精前被储存在专门的管状内陷中，称为精子储存小管（SST），位于阴道和子宫之间。储存在SST中的精子处于静止状态，然后在释放后被重新激活。Ahammad等（2011）研究报道，鸡精子在通过雌性生殖道的过程中获得了与SST上皮细胞结合的能力。目前在禽类中还没有发现类似于哺乳动物的获能过程。研究表明，公鸡精子在卵黄膜刺激后立即发生顶体反应，证实了公鸡精子不需要雌性生殖道的额外作用也能使卵子受精。

三、公鸡精子发生的内分泌调控

精子发生的正常进行受垂体分泌的促黄体生成素（LH）、促卵泡激素（FSH）以及睾丸间质细胞分泌的睾酮调控（Ottinger et al.，1995）。睾酮对精子发生具有促进作用。睾酮的合成和分泌受到下丘脑-垂体-性腺轴的调控。下丘脑合成和分泌促性腺激素释放激素（GnRH），作用于垂体内靶细胞。垂体细胞接收到GnRH释放的激素信号，合成LH，LH作用于睾丸间质细胞膜上的LH受体，刺激腺苷环化酶的活性提高，促进环腺苷酸（cAMP）水平升高，激活蛋白激酶表达，促进睾酮的合成。睾酮合成后与精细小管支持细胞内的雄激素受体结合，刺激雄激素分泌。雄激素与雄激素结合蛋白相结合，促进精子的发生。FSH可诱导精子发生的启动，并与睾酮一起参与维持精子发生，保证精子数量和质量处于正常水平。FSH对精子发生的调节作用是通过支持细胞介导的。支持细胞是哺乳动物上唯一具有FSH受体的体细胞。FSH与受体细胞结合，激活腺苷环化酶，cAMP含量上升，激活蛋白激酶的活性，促进支持细胞合成和分泌多种活性物质，促进精子发生过程。

第三节　公鸡精子形态和运动

一、公鸡精子的形态和结构

成熟的精子是一种功能具体、形态高度分化的细胞，一般都可以分为头部和尾部两部分。不同物种的精子存在着一定的差异，主要在头部，家畜精子头部一般较大，人类精子头部呈扁圆形，大鼠精子头部呈镰刀状，鸡精子头部呈长圆柱状体（图1-6）。鸡精子头部由顶体和高度浓缩的细胞核构成，长11～20 μm，头部直径最大处为0.5～0.7 μm，与精子的中段区分不明显。有研究比较了不同家禽的精子形态测量结果（表1-1），发现公鸡的精子尾部长于多数家禽（Santiago-Moreno et al.，2016）。

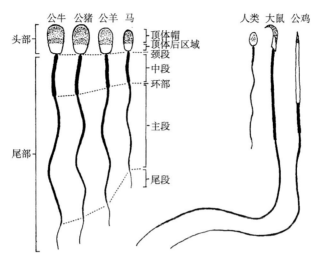

图1-6　不同动物的精子形态对比

（资料来源：Hafez E S E，Hafez B，2016. Reproduction in Farm Animals[M]. Maryland：John Wiley & Sons.）

表1-1　不同家禽的精子形态测量结果

物种	精子头部长度（μm）	精子中段长度（μm）	精子尾部长度（μm）
鸡	14	4	82
火鸡	10.4～11.9	5.2～6	66～72
日本鹌鹑	20.8～23.8	160～170	40～60
鹧鸪	14.4	2.9	47
鸭	13.9	3.5	55.6

（资料来源：Santiago-Moreno J，Esteso M C，Villaverde-Morcillo S，et al.，2016. Recent advances in bird sperm morphometric analysis and its role in male gamete characterization and reproduction technologies[J]. Asian journal of andrology，18（6）：882）

顶体位于精子头部的顶端，内有大量顶体酶，参与精卵结合过程中的顶体反应。精子细胞核染色质高度浓缩，细胞内转录和翻译活动基本停滞。鞭毛位于鸡精子尾部，分为中段、主段和终段，主要负责维持精子的运动（Thurston et al.，1987）。中段为"9+9+2"结构，中央微管被9对微管包裹，外围有9条致密的外圈微管，线粒体聚集于中段形成线粒体鞘，是精子运动的主要能量来源；主段为"9+2"结构，即由9对外围双联微管和2条中央微管组成（图1-7）；终段很短，仅由2条中央微管和外周的细胞膜组成，其余微管逐渐消失。

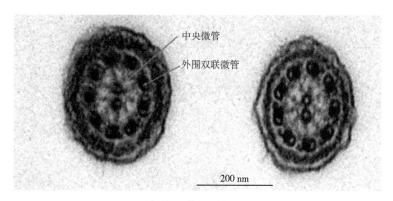

图1-7 鸡精子鞭毛轴丝超微结构

二、公鸡精子的运动调控

精子的运动依赖于精子长鞭毛的摆动。鞭毛的9对微管由A、B两种亚型聚集而成，A型微管通过2条动力蛋白臂与相邻微管对的B管相连，动力蛋白臂是一种能将ATP化学能转化为机械能的蛋白质，通过水解ATP引起微管之间产生相对滑动，进而使鞭毛产生摆动（Froman，2007）。精子通过在时间与空间上精确调控微管之间的相对滑动，从而使鞭毛产生对称性或非对称的摆动，并最终推动精子进行直线运动或环形运动。精子的运动受许多因素的影响，某些环境因素可以通过增强精子的代谢速度来提高精子的运动性，其结果是缩短了精子的生存时间或寿命；一些因素（如低温和低pH值环境）可以通过抑制精子的代谢来降低精子的运动活性；还有一些因素（如氧化应激和冷冻）可能会破坏精子结构的完整性，造成运动能力不可逆地丧失。此外精子的运动还具有向流性、趋化性和趋触性等特点。

第四节 公鸡精液的组成

精液是由细胞和液体构成的混合物，液体成分占90%以上。精液中的细胞包括精子、上皮细胞和白细胞，而精液的非细胞液体部分称为精浆。尽管鸡的单次射精量较少（0.2~1 mL），但精液中的精子密度却远远高于其他家畜，一般可达20亿个/mL。

精浆对于维持种公鸡繁殖力有着重要的作用，在体内，精浆是精子发育、成熟和存储的主要介质；在体外，精浆是精子生存和代谢的介质，精子在精浆中经历一定生理和活性改变并最终获得受精能力（Santiago-Moreno et al.，2020）。由于没有完善的副性腺，禽类精浆组分与哺乳动物有很大区别，主要包括水、糖类、脂类、蛋白质、有机酸、有机碱和无机离子等。精浆为精子提供充足的能量、吸收精子代谢产物、缓冲内外环境刺激、维持精子生存环境稳态、辅助精子进入雌性生殖道，并参与精卵结合。因此，精浆在种公鸡繁殖研究中有着重要的研究价值。此外，精浆用于精子冷冻保护剂也越来越受到研究人员的重视。

公鸡生殖生理研究的思考和展望

开展生殖基础研究是提高公鸡繁殖性能的重要前提。公鸡生殖系统的主要功能是产生精子，自然配种时通过与母鸡交配，使精液进入雌性生殖道。尽管鸡是目前生殖基础研究最完善的禽类之一，但相比于人、鼠以及猪、牛等大家畜，很多问题仍有待深入研究。

首先，精子运动的维持依赖于自身的能量供应。鉴于目前鸡精子运动能量代谢来源尚不清晰，有必要深入开展精子能量代谢对精子运动的调控研究，为优化鸡精液常温保存稀释和冷冻保存方案，完善鸡人工授精技术体系提供指导。

研究还发现，公鸡的精子成熟过程与一般哺乳动物存在明显区别，公鸡精子具有独特的雌性生殖道存储机制。但目前相关研究仍处于观察阶段，具体的机制仍不清楚。开展公鸡精子发生和成熟研究不仅可以完善禽类的生殖基础理论，还可以为相关医学研究提供参考。

参考文献

陈毅，曾长军，周光斌，等，2012. 公鸡生殖器官组织结构及其IL-1β和IL-6在生殖器官中的定位[J]. 四川农业大学学报，30（2）：226-231.

申东航，2017. 宁都黄鸡睾丸发育规律[D]. 广州：华南农业大学.

赵兴绪，2010. 家禽的繁殖调控[M]. 北京：中国农业出版社.

AHAMMAD M U，NISHINO C，TATEMOTO H，et al.，2011. Maturational changes in the survivability and fertility of fowl sperm during their passage through the male reproductive tract[J]. Animal Reproduction Science，128（1-4）：129-136.

AIRE T A，2007. Spermatogenesis and testicular cycles[J]. Reproductive Biology and Phylogeny of Birds，1：279-348.

AKHTAR M F，AHMAD E，MUSTAFA S，et al.，2020. Spermiogenesis, stages of seminiferous epithelium and variations in seminiferous tubules during active states of spermatogenesis in Yangzhou goose ganders[J]. Animals，10（4）：570.

DEVICHE P，HURLEY L L，FOKIDIS H B，2011. Avian testicular structure, function，and regulation[M]. London：Academic Press.

ESTERMANN M A，MAJOR A T，SMITH C A，2021. Genetic regulation of avian testis development[J]. Genes，12（9）：1459.

FROMAN D P，2007. Sperm motility in birds：insights from fowl sperm[J]. Society of Reproduction and Fertility Supplement，65：293-308.

HAFEZ E S E，HAFEZ B，2016. Reproduction in Farm Animals[M]. Maryland: John Wiley & Sons.

JONES R C，LIN M，1993. Spermatogenesis in birds[J]. Oxford reviews of reproductive biology，15：233-264.

MATSUZAKI M，SASANAMI T，2021. Sperm motility regulation in male and female bird genital tracts[J]. The Journal of Poultry Science，59（1）：1-7.

OTTINGER M A，BAKST M R，1995. Endocrinology of the avian reproductive system[J]. Journal of Avian Medicine and Surgery，9（4）：242-250.

SANTIAGO-MORENO J，BLESBOIS E，2020. Functional aspects of seminal plasma in bird reproduction[J]. International Journal of Molecular Sciences，21（16）：5664.

SANTIAGO-MORENO J，ESTESO M C，VILLAVERDE-MORCILLO S，et al.，2016. Recent advances in bird sperm morphometric analysis and its role in male gamete characterization and reproduction technologies[J]. Asian Journal of Andrology，18（6）：882.

SASANAMI T，2017. Avian reproduction：from behavior to molecules[M]. Singapore：Springer.

THURSTON R J，HESS R A，1987. Ultrastructure of spermatozoa from domesticated birds：comparative study of turkey，chicken and guinea fowl[J]. Scanning Microscopy，1（4）：30.

THURSTON R J，KORN N，2000. Spermiogenesis in commercial poultry species：

anatomy and control[J]. Poultry Science，79（11）：1650-1668.

UDOUMOH A F，IGWEBUIKE U M，OKOYE C N，et al.，2021. Assessment of age-related morphological changes in the testes of post-hatch light ecotype Nigerian indigenous chicken[J]. Anatomia，Histologia，Embryologia，50（3）：459-466.

第二章 种公鸡精液品质评定方法

　　精液品质分析是评价种公鸡繁殖能力最快速、便捷的手段。客观、准确地评价精子的功能状态，对于科学研究和生产实践具有重要意义。精液品质的准确测定对于提高选种准确性，提高种蛋受精率，降低种公鸡饲养成本，充分发挥种公鸡繁殖潜力和提升制种效率至关重要。精液品质的常规检查主要是通过光学显微镜进行检测，主要包括精液感观、精子运动和生存力、精子形态指标等。随着信息技术的快速发展，计算机辅助精子分析系统（Computer-assisted sperm analysis，CASA）已应用于人类和畜禽精液品质的检测中，该系统能够快速对精子密度、精子形态和精子运动能力进行准确客观的分析。本章介绍种公鸡的精液品质评定方法，以规范测定技术手段，为试验研究、种公鸡选育等奠定技术基础。

第一节 常规人工精液品质分析

常规的种公鸡精液品质分析指标包括精液颜色、精液量、精液pH值、精子活力、精子存活率、精子密度、总精子数、精子形态学检查。由于大部分指标只需要光学显微镜即可完成，因此较为适合在育种场和扩繁场上应用。随着研究的深入，精子膜完整性、精子微生物的检测越来越受到相关研究人员的重视。一套完整的精子品质分析流程对育种企业及仪器和人员配置都有很高的要求，目前在生产实际上应用较多的是精液颜色、精液量、精液pH值、精子活力、精子存活率、精子膜的完整性、精子密度、精子数、精子形态及精液携带微生物等指标。

一、精液颜色

精液颜色是精液品质的一个最为直观的观测指标，体现精液的纯净程度和精子密度。人眼观测法是最直接、便捷的检测手段（图2-1）。刚采集的正常精液样本呈现均匀质、乳白色，精子密度非常低的精液呈水样状，透明度高；有血液污染的精液呈粉红色，有尿酸盐污染的精液呈白色絮状，有粪便污染的精液呈黄褐色或灰褐色，患黄精子综合征个体的精液呈黄白色。粪便中的污染物会引起精液品质下降，训练采精时经常有排便反射的公鸡可予以淘汰。血液污染可能是由于采精员手法过重，也可能是由于公鸡生殖道炎症引起。受到污染的精液，精子多呈现出大量的凝集，导致精液品质急剧下降，影响测定结果的准确性。

二、精液量

精液量指单只公鸡一次采精获得的精液体积。精液量的多少不仅与雄性生育能力显著相关，而且直接影响到配种比例，是衡量精液品质最基本的指标之一。精液量常用直接测量法和称重测量法（间接法）两种测定方法测定。

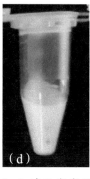

（a）正常精液；（b）尿酸盐污染；（c）精子密度低；
（d）粪便污染；（e）血液污染。

图2-1　精液的感官观测结果

1. 直接测量法

直接测量法是一种直接测定精液体积的方法，可使用带有刻度的集精杯（管）收集精液后直接测量精液体积（图2-2a），也可以将精液采集在集精杯（管）中，再用有刻度的注射器或移液管吸取精液并读取体积（图2-2b）。

由于鸡精液量少，一般不超过1 mL，对集精杯（管）的精密度有一定的要求，市场上销售带有刻度的集精杯较少，一般需要定制；一次性1.5 mL离心管也可以用来收集精液并度量精液体积，离心管上的刻度分别为0.1 mL、0.5 mL、1.0 mL和1.5 mL。使用注射器或移液管吸取精液来测量体积，因为不能完全回收精液，会低估精液体积。直接测量法通常在要求快速测定且精度要求不高的条件下使用。该方法测量精液量的精度一般在0.1 mL，可以用于不需要精确测定的情况，实现精液量估测。

 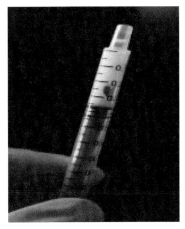

（a）刻度集精杯直接测量　　　（b）刻度注射器直接测量

图2-2　家禽精液量的测定

2. 称重测量法

称重测量法是一种利用精液质量和精液密度来间接评估精液体积的方法。作者团队对多个品种鸡的精液密度进行测定，结果发现鸡的精液密度在1.05～1.14 g/mL，平均精液密度为1.09 g/mL。在测定过程中，可使用已知质量的集精杯（管）收集精液后，称量并记录装有精液集精杯的质量，利用精液的密度计算体积（mL），即：

$$Vol = \frac{m_1 - m_2}{\rho}$$

式中：m_1为装有精液集精杯的质量数值，单位为克（g）；m_2为空集精杯的质量数值，单位为克（g）；ρ为精液密度，单位为克/毫升（g/mL）。

称重测量法可以更为精确地测定精液量，但是需要额外配备精密度较高的电子秤或分析天平，采精前后需要对集精杯（管）称重并记录，增加了测定过程中对仪器设备的需求。称重测量法通常在精度要求较高的条件下使用，推广应用性较强。

三、精液pH值

精液的酸碱度使用pH值来衡量，异常pH值可反映性腺和生殖道分泌功能异常和精子的代谢异常，影响受精。鸡的精液整体偏中性，通常采用pH试纸或pH计进行精液pH值的测定。精液在体外保存过程中随着代谢产物的产生可能会导致pH值发生变化，对于原精液的测定一般要求在30 min内完成。

1. pH试纸法

鸡精液的pH值在7.0左右，采用检测范围为6.4～8.0和5.5～9.0型号的pH精密试纸进行测定。测定时，使用微量移液枪取约30 μL样品滴于一张pH精密试纸中部，将样品向试纸右侧均匀涂布。浸渍区的颜色均匀后（30 s内），与pH精密试纸的标准比色卡对比，读出pH值。试纸法使用方便，测定精密度在0.2～0.3，测定结果受测定人员主观因素的影响较大，在测定前可使用已知pH值的标准品来检验pH试纸的精确性。

2. pH计法

鸡的精液浓稠且精液量较少，因此需要使用专为黏稠和少量液体设计的pH计进行测定。测定前对pH计进行校准，测定时将pH计探头浸入样本中，按照pH计的使用说明操作，读出pH值。pH计法对仪器的要求较高，需要使用专门为测定黏稠液体设计的pH计来测量少量精液的pH值，测量精度在0.01以上，通常在精度要求较高的情况下使用。

四、精子活力

精子活力指37℃环境下前进运动精子占总精子数的百分率。精子活力与受精率的相关系数高达0.66，是评价精子运动能力的主要指标。精子活力具有较高的温度敏感性，在测定过程中应尤其注意保温。鸡的体温在41.5℃，保存和测定时的温度应不超过41.5℃。测定温度较高时，精子代谢旺盛、运动速率加快，代谢废物迅速积累，会加速精子的死亡；测定温度过低，会抑制精子的运动甚至导致精子产生冷休克。因此，在测定前，可将精子保存在30～37℃的环境中；前期研究对比了37℃、39℃和41℃条件下精子活力情况，发现精子活力无差异，且37℃时精子活力保持时间最持久，因此在测定过程中应保持温度恒定在37℃。与人等其他哺乳动物不同，鸡精子的密度较高，可达20亿～40亿个/mL，在测定过程中需要对精液进行适当稀释，可使用37℃的生理盐水或磷酸盐缓冲液等稀释50～100倍；在镜检观察时，为减少温度造成的活力变化，应保持载物台温度在37℃左右。为保证测定结果的可靠性，每个样本制备两个样片，每个样片至少观察3个视野，并应观察不同液层内的精子运动状态，进行全面评定，记录每个样片的精子活力。

计算精子活力：

$$Mot = \frac{Mot_1 + Mot_2}{2}$$

式中：Mot_1为第一样片精子活力，单位为百分比（%）；Mot_2为第二样片精子活力，单位为百分比（%）。

五、精子存活率

精子存活率指活精子数占总精子数的百分率。精子死亡后细胞膜的通透性改变，易于着色，因此可以根据精子是否着色判断精子的死活。由于鸡精子密度较高，因此在测定前需要予以稀释，通常采用的稀释倍数为50～100倍。在稀释时，为避免由于温度过高造成精子死亡或温度过低造成精子产生冷应激，应采用37℃左右的生理盐水或磷酸缓冲盐溶液等与精液等渗的溶液进行稀释。多种染液可用于精子存活率的评价：①单用伊红检测精子存活率，活精子的头部呈白色和淡粉色，死精子头部呈红色和暗粉红色，由于背景对比度不高，有时很难分辨染成淡粉色的精子头部；②伊红-苯胺黑检测精子存活率，使用苯胺黑染色可以提高背景与精子头之间的对比度，使得精子头更容易鉴别，也可以保存玻片用于再次评估。推荐使用伊红-苯胺黑染液进行染色，更易于评估。

　　精子涂片的制备尤为重要，操作不当可造成精子的断裂等，可参照图2-3精液涂片的制作图示，取10 μL染色液与10 μL稀释精液置于载玻片右侧，将染色液与精液稀释液混合均匀，并染色1 min左右，用右手夹持另一片载玻片（拉片）长边，拉片短边边缘以约45°角向右滑动接触染色后的试样，从右向左拖回拉片（1 s以内），使染色后的试样均匀地附着在载玻片上，室温下自然风干，制成涂片；用400倍显微镜观察涂片不同区域约200个精子，头部未被染色的是活精子，头部被染成红色的是死精子，分别计活精子和死精子数（图2-4）。

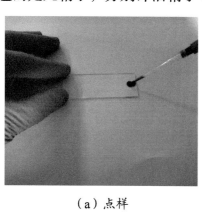

（a）点样

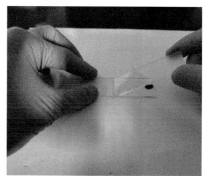

（b）右滑拉片

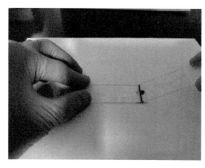

（c）接触精液

（d）拖回拉片

图2-3　精液涂片的制作

按如下公式计算精子存活率*Vit*，单位以百分比（%）计。

$$Vit(\%) = \frac{l}{l+d} \times 100$$

式中：*l*为活精子数，单位为个；*d*为死精子数，单位为个。

每个试样做两个重复，取算术平均值为检测结果。

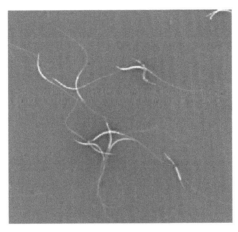

图2-4　家禽精子存活率的评判

注：图中头部呈白色的精子为活精子，头部呈粉红色的精子为死精子。

六、精子膜完整性

精子膜含有丰富的多聚不饱和脂肪酸和蛋白质等成分，精子膜的功能与精子顶体反应及精卵融合密切相关。通常使用低渗肿胀试验进行精子膜功能的检测，精子膜完整的精子在低渗溶液中吸水肿胀以至呈现出头部或颈部弯曲，而精子膜功能不全的精子（包括死精子）表现为不膨胀。将适量新鲜精液，加入1 mL 37℃预热的低渗溶液，并在37℃孵育30 min，而后在37℃条件下显微观察200个左右的精子形态，参照图2-5，分别计数视野中头部折叠、尾部卷曲、尾部折叠、头部卷曲与尾部折叠和形态无改变的精子数目，计算颈部或尾部折叠、卷曲精子占观察总精子数的百分比例为精子膜完整性。

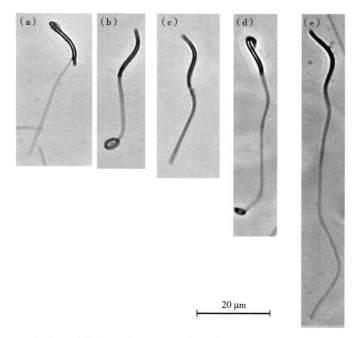

（a）~（d）为精子膜完整的精子，分别在低渗溶液中呈现出头部折叠、尾部卷曲、尾部折叠、头部卷曲与尾部折叠；（e）为精子膜损伤的精子，在低渗溶液中维持精子的正常形态。

图2-5　精子膜完整性评价

七、精子密度

精子密度指单位体积精液中的精子数。精子密度可以直观地反映睾丸生精能力。根据生产或试验需求可采用估测法、血球计数板法和光电比色计法等进行精子密度的测定。

1. 精子密度的粗略估计方法

精子密度的粗略估计方法并不对精子的密度进行准确的计数，而是通过观察显微镜视野下精子的密集程度进行粗略的评估。取10 μL样品置于载玻片上加盖玻片，放置片刻，用100~200倍显微镜观察3个以上的视野，根据观察结果估测精子密度范围。观察结果与估测精子密度范围对应关系见表2-1。不同精子密度样品图示见图2-6。

粗略估计方法简便易行，测定成本低，但是测定结果不够精确。

表2-1　观察结果与估测精子密度范围对应关系

观察结果	估测精子密度范围（个/mL）
视野中精子间几乎无空隙	$>40 \times 10^8$
视野中精子之间有比较明显的空隙	$20 \times 10^8 \sim 40 \times 10^8$
视野中精子之间有较大的空隙	$10 \times 10^8 \sim 20 \times 10^8$
视野中精子之间有很大空隙	$<10 \times 10^8$

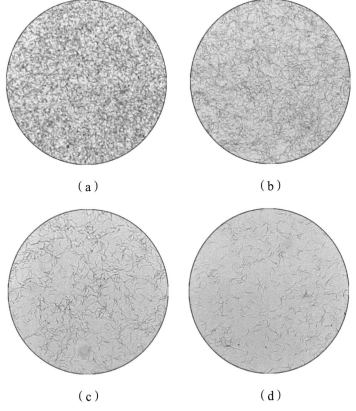

（a）　　　　　　　　　　（b）

（c）　　　　　　　　　　（d）

（a）精子密度为40×10^8个/mL；　（b）精子密度为20×10^8个/mL；

（c）精子密度为10×10^8个/mL；　（d）精子密度为5×10^8个/mL。

图2-6　不同精子密度样品图示

2.精子密度的血细胞计数板法

使用血细胞计数板对精子密度进行精确计数。由于鸡精子密度较高，因此在测定前需要予以稀释，通常采用的稀释倍数为50～100倍。常用的血球计数板包括汤麦式和希利格式，两种计数板的统计和计算方法略有差异（图2-7）。在显微镜视野下找到血细胞计数板计数室边线，在血细胞计数板上置一盖玻片；用移液器吸取10 μL精液稀释液于计数板和盖玻片交界处边缘，靠虹吸作用将精液稀释液吸入计数室内；注意不可将精液置于计数板上再加盖盖玻片，这种可能导致计数室体积出现较大的偏差。在高倍镜下用计数器计数，压在计数室边线上的精子按照"计头不计尾、计上不计下、计左不计右"原则计数。

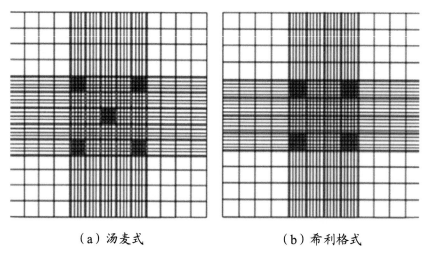

（a）汤麦式　　　　　（b）希利格式

图2-7　血细胞计数板示意

按以下公式计算精子密度Con，单位以10^8个/mL计。

$$Con = e \times b \times t$$

式中：当使用汤麦式血球计数板时，e为左上、左下、右上、右下和正中间5个中方格的精子数；当使用希利格式血球计数板时，e为左上、左下、右上和右下4个中方格的精子数，单位为个。b为换算系数，当使用汤麦式血球计数板时，$b=5 \times 10^{-4}$；当使用希利格式血球计数板时，$b = 4 \times 10^{-4}$。t为精液的稀释倍数。

计算结果表示到小数点后两位。取两个计数室的算术平均值为检测结果。

血细胞计数板法简便易行，测定成本低，但是测定耗时耗力，难以实现对多个样本的同时测定。

3. 吸光值法

目前市场上有专门测定精子密度的仪器，如法国卡苏公司生产的Accucell密度仪，具有自动调节、自动校准、性能稳定及测定精度高等特点，采用的就是吸光度原理直接测定，读取精子的密度值。但是该仪器在国内普及率很低。在具备酶标仪的条件下，可利用酶标仪测定吸光值进行精子密度的测定，其主要利用在500～600 nm波长下吸光值与血球计数板测定的精子密度结果的回归关系，可以批量测定精液样本的吸光值，估算精子密度。

吸光值法测定结果精确度较高，且能够批量进行多样本的测定，测定速度快、重复性好，但是对测定设备有一定的要求。

八、总精子数与有效精子数

总精子数指的是一次采精获得的所有精子数，总精子数反映了睾丸的生精能力。在这些精子中，具备正常运动能力、能够完成精卵结合的才是有效精子，总精子数和有效精子数，在一定程度上决定了公母比例，是衡量公鸡生育能力的重要指标。计算公式如下：

总精子数（亿个）=精子密度（10^8个/mL）×精液量（mL）；

有效精子数（亿个）=精子密度（10^8个/mL）×精液量（mL）×精子活力（%）。

九、精子形态学检测

精子畸形率指畸形精子占总精子数的百分率。精子形态学检查的目的是检测精子在睾丸中是否发育正常以及是否已在附睾中充分成熟。鸡精子头部呈长圆柱形，精子尾部细长，为90～100 μm，大约是头部长度的8倍（图2-8）；精子形态异常分为若干类型，头部畸形包括精子颈部及中部畸形，如颈部及中部肿大、弯曲、变粗或变细，头部过大、过小、顶体异常或空泡；尾部畸形包括尾部过短、不规则、断裂或卷曲及多尾等；胞浆小滴等畸形。形态异常的精子（畸形精子）无法正常受精或产生的后代容易发生畸形，当形态异常的发生率增高时，受精率会降低。只有当形态正常精子达到一定比例时，才能保证有正常的运动活力和活率，精子形态学检查被认为是预测受精能力的主要参数。

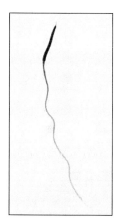

图2-8　鸡精子的正常形态

精液涂片染色是分析精子形态的主要手段，通过对精子染色，在普通光学显微镜下观察精子的细微结构，以分辨形态异常的精子和异常部位。精子形态的判断，一方面取决于染色的清晰程度，另一方面取决于操作者的熟练程度和经验。常用的染色方法如瑞氏-吉姆萨染色法、龙胆紫染色法和巴氏染色法等。瑞氏-吉姆萨染色法和龙胆紫染色法仅需要经过固定就可以染色，耗时相对较短。巴氏染色法在人类精子形态评定中较为常用，但是操作较为复杂，需要经过固定、梯度酒精脱水、水化和染色等多个步骤才能完成，耗时较长且成本较高。在常规的精液品质分析中，可采用瑞氏-吉姆萨染色法、龙胆紫染色法等相对简单的方法对形态进行评估。

鸡精子密度较高，在进行精子形态分析时，应适当调整密度，以确保涂片精子分布的均匀性，避免精子密度过大和涂层不均匀导致的叠层现象。以瑞氏-吉姆萨染色法为例，取适量精液样本，用生理盐水稀释50~100倍；取10 μL稀释精液样本，置于载玻片的右侧，用右手夹持另一片载玻片（拉片）长边，拉片短边边缘以45°角向右滑动接触试样，从右向左拖回拉片（1 s以内），使试样均匀地附着在载玻片上，室温下自然风干，制成涂片；向涂片上滴加1.0~2.0 mL甲醇溶液固定2~3 min，用水冲去甲醇溶液，室温下自然风干；将涂片反扣在带有平槽的有机玻璃面上，把瑞氏-吉姆萨染液滴于槽和涂片之间，让其充满平槽并使涂片接触染液，染色15~30 min，用水冲去染液，室温下自然风干，制成染片，待检；用400倍显微镜观察染片不同区域约200个精子，分别计数正常和畸形（包括头部畸形、颈部畸形和尾部畸形）精子数。

计算精子畸形率Abn，单位以百分比（%）计。

$$Abn(\%) = \frac{n}{n+m} \times 100$$

式中：n为畸形精子数，单位为个；m为正常精子数，单位为个。

计算结果表示到小数点后一位。每个样品做两个重复，取算术平均值为检测结果。

十、精液的微生物学检查

精液中携带的微生物可以反映公鸡的生殖道健康，对精液品质有一定影响，精液携带的微生物也有可能引起母鸡发生生殖道疾病影响种蛋的受精和孵化。因此，公鸡精液微生物情况也是一项重要的精液品质性状。精液的微生物学检查有助于判定导致炎症的致病菌，并为合理应用抗生素等药物提供依据。在进行精液微生物学检查时，要求无菌操作，避免环境中微生物造成的污染。首先应配制固体培养基，可以采用牛肉浸膏5.0 g、蛋白胨10.0 g、磷酸二氢钾1.0 g、氯化钠5.0 g，用1 L超纯水溶解后加琼脂粉20 g，加温溶解。调整pH值至7.4～7.6，并用脱脂棉过滤，分装于三角烧瓶；接着将培养基和器具高压灭菌（0.1 MPa，20 min）；而后把已凉至50℃左右的培养基以无菌操作倾倒入平皿内，每皿约15 mL，无菌环境中冷却凝固；在进行检测时，使用灭菌的集精杯采集精液，并将精液转移至无菌的1.5 mL离心管中，取10～20 μL无血液与粪便污染的精液，均匀涂布于平皿内，可单独涂布生理盐水作为对照；最后，在37℃恒温箱内培养1 h后翻转平皿，37℃恒温箱内继续培养48 h取出，计数平皿内菌落数。

第二节 计算机辅助精子分析

　　常规的人工精液品质分析耗时长、效率低，且检测结果的准确性受检测员熟练程度等主观因素的影响，不同技术人员的分析结果有时差异很大。随着信息技术的发展，CASA系统已应用于人类和牛、猪等哺乳动物的精液品质检测。CASA系统基于视频采集技术与图像信息处理技术，能够快速识别精子，并对精子密度、形态和精子运动能力进行评定。与人工评定精液品质相比，CASA系统客观性更高，且能够提供精子动力学参数的量化数据。

一、CASA系统的运动参数指标

　　CASA系统检测的精子运动参数（图2-9）包括：

　　（1）曲线速率（Curvilinear velocity，VCL）：精子头部沿其实际行走曲线运动的平均速率，反映精子运动能力；

　　（2）直线速率（Straight-line velocity，VSL）：精子头部从开始检测时的位置与最后所处位置之间直线运动的平均速率；

（3）平均路径速率（Average path velocity，VAP）：精子头部沿其平均路径轨迹移动的平均速率，这种平均路径轨迹是计算机将精子运动的实际轨迹平均后计算出来的；

（4）直线性（Linearity，LIN）：精子运动曲线的直线分离度，LIN＝VSL/VCL。

（5）前向性（Straightness，STR）：精子运动平均路径的直线分离度，STR＝VSL/VAP。

（6）精子头部侧摆幅度值（Amplitude of lateral head displacement，ALH）：精子头部实际运动轨迹对平均路径的侧摆幅度，以侧摆的最大值或平均值表示；

（7）摆动性（Wobble，WOB）：精子头部沿其实际运动轨迹的空间路径摆动的尺度，WOB＝VAP/VCL；

（8）鞭打频率（Beat-cross frequency，BCF）：精子头部跨越其平均路径的频率；

（9）平均移动角度（Mean angular displacement，MAD）：精子头部沿其运动轨迹瞬间转折角度的叶间平均值。

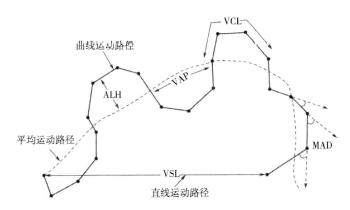

图2-9　CASA系统检测的精子运动参数的标准术语

（资料来源：谷翊群，陈振文，卢文红，等译，2011.世界卫生组织人类精液检查与处理实验室手册[M].北京：人民卫生出版社）

二、CASA系统测定鸡精液品质的要点

1. CASA系统的选择

CASA系统运行的关键是对精子的识别和追踪，在相差显微镜视野下精子的影像呈现为黑色的背景和白色的精子头部，CASA系统根据系统中设定的精子头部大小和灰度来识别精子的头部（图2-10）。CASA系统识别精子的头部后，根据连续帧重建头部的位置坐标，进而形成精子的运动轨迹，并据此计算出一系列动力学参数，由于鸡精子没有明显的头部，一些哺乳动物的CASA系统并不能识别鸡精子，因此需要使用适合于鸡等家禽专用的CASA系统进行精液品质的测定。

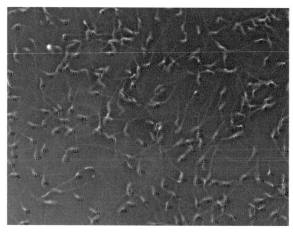

图2-10　CASA系统中鸡精子的识别

2. 精子计数板的选择

CASA系统配备专用的精子计数板，精子计数板上有1个或多个计数室，计数室的体积和高度是固定的。常见的CASA系统的精子计数板有Makler计数板、Macro计数板和MicroCell计数池（图2-11），不同的计数板对CASA系统分析结果的准确性存在一定的影响。其中Makler计数板和Macro计数板具有较好的导温和保温效果，能够有效维持测定过程中温度的稳定性；MicroCell计数池为一次性使用，设有多个计数

室，使用更为方便快捷。此外，计数池的深度也会给CASA系统的分析结果带来较大的影响，计数池深度过小限制精子的自由运动，计数池深度过大不利于精子运动图像的采集。经对比试验，在采用MicroCell计数池时，深度为20～40 μm时，CASA系统具有较好的识别度和较为稳定的测定结果。

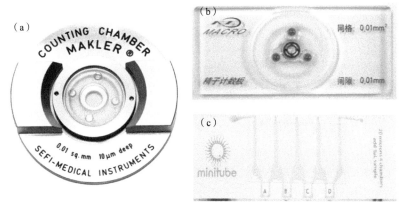

（a）Makler计数板；　（b）Macro计数板；　（c）MicroCell计数池。

图2-11　不同类型的精子计数板

3. 精子密度的控制

CASA系统对精子密度有一定要求，当精子密度过高时，精子铺满整个视野，精子间交叉、重叠严重，系统难以识别精子的数量并跟踪其运动轨迹，且可能出现高频度的精子碰撞，由此产生误差；当精子密度过低时，应多选择几个视野进行图像采集。鸡精子的密度很高，在20亿～40亿个/mL，因此在进行CASA系统分析前应对鸡精液进行稀释。通常采用100倍稀释，使得每个视野中CASA系统捕捉到的精子数在80～150个为宜。

4. 测定时温度的控制

在精子活力检测的章节，已经提到，精子对温度敏感，因此在测定过程中要保持鸡精液处于37℃左右的环境。在测定过程中，要提前预热显微镜载物台和精子计数板，精液和精液稀释液应置于37℃恒温金属浴或保温桶内。

三、CASA测定的主要环节

1. 调试CASA系统

在进行精液品质分析前应开启CASA系统，调试CASA系统参数，预热显微镜载物台并保持37℃。CASA系统默认提供了适宜的参数，但是使用前应检查CASA系统是否达到了检测所需的重复性和可靠性。

2. 精液的稀释

取10 μL原精液与1 000 μL 37℃精液稀释液混匀。

3. 图像数据采集

取环节2中的稀释精液，注入专用的CASA系统计数板的测定室，选择具有代表性的5个以上的视野，采集图像数据。当精子密度比较低时，应适当增加采集图像的数量，以提高用于分析的总精子数。

4. 数据分析

根据采集图像品质，设定适宜参数对精子的运动情况进行分析，并出具结果报告。CASA系统默认提供了适宜的分析参数，在分析时应检查视野内精子的识别数量与实际数量的匹配度，若识别精子过少或出现大量的识别错误，应适当调整精子头部的最小直径、最大直径和图像识别对比度，以使视野内90%以上的精子能被CASA系统识别。对于少数难以识别或识别错误的精子，可以通过手动添加或剔除以提高检测的可靠性。

影响公鸡精液品质分析准确性的因素

一、精液样本的采集

正确采集精液样本是精液品质分析的首要环节，在精液品质测定过程中应采用适当的手段以降低采样技术、样品运输等各环节中的影响因素，以保证样本能够准确地体现公鸡繁殖特性的客观状态。

1. 采精前准备

公鸡的交配器官是退化了的生殖突起，射精时精液从输出管流向泄殖腔，再通过肛道褶排出。在进行人工采精时，如精液接触泄殖腔，将会受到粪尿等的污染。在进行精液品质测定前，应剪去公鸡肛门周围和耻骨下沿的羽毛，便于采精操作和减少精液污染的机会。精液质量受公鸡的性反应能力和精子在体内存储时长的影响，精液品质测定前进行采精训练有利于建立采精条件反射，并排出生殖管道内的老化精子；种公鸡隔天训练一次，共训练3~5次；采精训练和正式采精的采精员应经过技术培训，以避免因操作人员的技术差异造成检测结果的不同。

2. 采精方法

常见的采精方法为背腹部结合式按摩法，可两人操作也可一人操作，两人操作时一人保定一人采精。采精员先用左手轻轻地由鸡的背部向后至尾根按摩数次以刺激种公鸡出现性反射，右手中指和无名指夹着集精杯，拇指与其他四指分开放入耻骨下方作腹部按摩的准备。在按摩公鸡背部时，种公鸡将呈现出泄殖腔外翻和交尾动作，泄殖腔外翻后可见到勃起的乳头状突起，即交媾器，这时用拇指和食指在泄殖腔两侧稍施压力，以刺激公鸡射精。采精员迅速将精液收集入集精杯（管）中。采精过程中，有效的保定可避免公鸡双翅乱拍，吹起粉尘污染精液；使用洁净的或者一次性的集精杯（管）可减少容器造成的精液污染。

用于微生物学分析的精液需无菌采集，避免非精液来源的微生物污染。在采前可采用75%的酒精消毒公鸡泄殖腔周围的羽毛和皮肤，所使用的集精杯（管）、枪头等应是无菌的；采精时佩戴无菌手套，可减少细菌污染。

3. 样本的转送方法

精子对温度敏感，保存温度较高时精子代谢旺盛，能量消耗加剧且容易积累代谢废物导致精子快速死亡，且保存的温度不应高于鸡的体温（41.5℃）。在35～37℃时，精子运动正常，且能够保存较长的时间，一般在采集样本后应在15 min内送至实验室进行测定，运输时间过长可能导致精子活力和存活率的降低。在转运精子过程中应避光处理，以防止日光中的紫外线、红外线等对精子的杀伤。

二、精液稀释

由于鸡新鲜精液的精子密度较高，在测定过程中必须对精液进行适量稀释。稀释液应在精液稀释前1～2 h配制，均匀搅拌，过滤后密封，在恒温水浴锅中预热。为节约工作量，也可使用37℃的生理盐水作为稀释液，一般也能取得较好的效果，但稀释后精子活力的维持时间不如专用的精液稀释液。可参考第七章相关内容进行鸡精液稀释液的配制。

在开展精子活力、精子存活率指标检测和精子形态观察时，应尽快进行原精的稀释，原精的贮存不宜超过5 min。精液的稀释倍数方面，作者团队研究发现不同的稀释倍数对多数精液品质的检测结果没有明显影响，建议在单批检测或制定鸡场的检测标准时选择相同的稀释倍数即可。

三、仪器的选择

种公鸡精液品质分析可以采用光学显微镜结合人工分析法或依靠CASA系统的计算机辅助分析法。一般来说，计算机辅助分析较人工分析更为准确，但由于设备昂贵、技术要求高，难以进行大规模的推广。CASA系统主要适合于对精确度要求较高的科研单位和大型育种企业，中小规模育种场和扩繁场采用人工分析法即可。

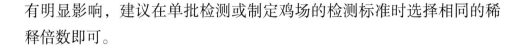

种公鸡精液品质评定的思考与展望

精液品质评定指标有很多，包括精液颜色、精液量、精子密度、精子活力、精子存活率、精子畸形率和pH值等，农业行业标准《家禽精液品质检测方法》（NY/T 4047—2021）已于2021年12月15日发布，并于2022年6月1日正式实施，该行业标准的发布和实施对规范行业内精液品质的检测具有重要的指导作用。各生产和科研单位，可参照该标准和本章节内容对精液品质测定方案进行学习和培训，以提高数据测定的准确性、可靠性及数据间的可对比性。

CASA、密度测定仪等先进的仪器在一些哺乳动物上已广泛应用，但由于鸡精液量小、精子密度高、精子头部小等特点，这些仪器设备并不一定直接适用于鸡精液品质的评定。各生产和科研单位，可加速升级鸡专用精液品质测定仪器，采用计算机信息技术、荧光标记技术等，提升自动化分析能力，降低由人工测定造成的试验误差，提高检测数据的可靠性和重复性。

　　随着CASA等技术在精液品质评定中的应用，精液品质评定指标已达十余种。在尽可能保留原始数据信息的前提下，对数据进行有效降维，进而对精液质量进行综合评判。聚类分析、主成分分析、因子分析和脸谱图是常用的简化数据手段，并在精液品质指标分析中已有应用。主成分分析通过将原始指标进行线性组合形成数个新的主成分，利用主成分反映总体信息；因子分析借助于因子旋转，旨在挖掘支配原始指标间内在联系的公因子。通过多元统计分析，建立精液品质的综合评价指标，对于综合评价种公鸡繁殖效率和推进育种进程具有重要作用。

参考文献

谷翊群，陈振文，卢文红，等，2011. 世界卫生组织人类精液检查与处理实验室手册[M]. 北京：人民卫生出版社.

LU J C，YUE R Q，FENG R X，et al.，2016. Accuracy evaluation of the depth of six kinds of sperm counting chambers for both manual and computer-aided semen analyses[J]. International Journal of Fertility & Sterility，9（4）：527.

MARTÍNEZ L，CRISPÍN R，MENDOZA M，et al.，2013. Use of multivariate statistics to identify unreliable data obtained using CASA[J]. Systems Biology in Reproductive Medicine，59：164–171.

PRABAKAR G，GOPI M，KOLLURI G，et al.，2022. Seasonal variations on semen quality attributes in turkey and egg type chicken male breeders[J]. International Journal of Biometeorology，50：1–14.

SAYED M，ABOUELEZZ F，ABDEL-WAHAB A，2017. Analysis of sperm motility，velocity and morphometry of three Egyptian indigenous chicken strains[J]. Egyptian Poultry Science Journal，37，1173–1185.

第三章

种公鸡精液品质遗传参数估计及应用

数量遗传学理论已经广泛应用于畜禽重要性状的遗传改良，其统计理论建立于1908年尼尔逊 埃尔捏山的微效多基因假说上。由于数量性状的基因型值无法直接测定，只能根据性状的表型值进行估计，因此对数量性状遗传规律的研究需要运用数理统计方法和适宜的遗传模型分析。近几十年来，定量描述数量性状的群体遗传规律的三个重要遗传参数（遗传力、遗传相关和重复力）在畜禽育种工作中得到了广泛应用，成为畜禽育种的一项基础性工作。遗传参数尤其是遗传力和遗传相关，在评估育种值、预测选择反应、育种方案设计和了解遗传机制等工作中起着至关重要的作用。

精液品质性状为可遗传的性状，在不同的品种、品系甚至家系内都存在差异。曹宁贤等（2007）研究发现贵妃鸡快羽公鸡和慢羽公鸡的精液品质存在差异，快羽公鸡的快羽基因对精液量、精液pH值、精子活力等都有显著的影响。有研究通过比较5个不同肉鸡品系精液品质及其对母鸡受精率的影响，其中一个Delaware杂交系精子活力低于其他品系，5个不同肉鸡品系内母鸡的受精率差异很大，但是品系间的差异不明显。为加快公鸡精液品质性状的选育进展，目前国内外许多研究人员已经对其遗传参数开展了研究。品种、群体规模、系谱完整程度以及估计方法的不同，都能够对遗传参数估计结果产生影响。本章将系统总结鸡和其他畜禽精液品质遗传参数估计的研究进展，同时对公鸡精液品质性状选育的方法进行简要介绍。

第一节　遗传参数的类型

一、遗传力

遗传力指数量性状育种值方差占表型方差的比例，它反映的是亲代传递其遗传特性的能力，在育种工作中可用来预测选择效果、估计动物的育种值和确定选种方法等。

遗传力包括狭义遗传力和广义遗传力，狭义遗传力指加性效应作用于表型值的大小，是加性方差占表型方差的比值。广义遗传力指遗传方差占表型方差的比值，用来比较遗传因素和环境因素作用于某个特定性状变异的大小。与广义遗传力相比，狭义遗传力更能稳定地反映性状在上、下代之间的传递力，在纯种选育中的意义更加重要。

遗传力的计算方法有多种，根据个体间的遗传关系可分为亲子资料、全同胞资料和半同胞资料等。半同胞相关法适用于世代间隔长的单胎动物，也适用于后代具有较大选择强度、采用人工授精配种的群体。在鸡数量性状的遗传力估计中一般采用该方法。半同胞相关法估计遗传力的优点是样本大致居于相同年度，所选用的数据大致是源自同一时期，可以剔除一部分环境因素的影响，从而提高估计的准确性。

半同胞相关法估计遗传力的具体公式如下：

$$h^2 = 4r_{HS}$$

$$r_{HS} = \frac{\sigma_B^2}{\sigma_B^2 + \sigma_W^2} = \frac{MS_B - MS_W}{MS_B + (n-1)MS_W}$$

式中：r_{HS} 为半同胞个体间的表型值相关系数；σ_B^2 为组间方差；σ_W^2 为组内方差；MS_B 为组间均方；MS_W 为组内均方；n 为各公畜（母畜）内后代的方差。

二、重复力

重复力指同一个体某一性状每次测量值之间的组内相关系数，精液品质中的很多指标都可以多次度量，例如精液量、精子活力、精子畸形率等。重复力的用途主要包括：①确定性状应度量的次数；②判断遗传力估计的准确性；③估计家畜的真实生产力和估计育种值；④计算多次度量均值的遗传力等。

重复力为一个性状多个变量之间的相关，所以重复力的估计需要用到组内相关性计算，与同胞计算的方法大致相同。唯一不同的是计算同胞相关时，组间为家系，组内为个体间，而重复力的组间为个体间，组内为个体内多次测量间。

重复力的计算公式为：

$$r_e = \frac{\sigma_B^2}{\sigma_B^2 + \sigma_W^2} = \frac{MS_B - MS_W}{MS_B + (n-1)MS_W}$$

式中：r_e为个体各测量值相关系数；σ_B^2为组间方差；σ_W^2为组内方差；MS_B为组间均方；MS_W为组内均方；n为个体度量次数的加权平均数。

三、遗传相关

遗传相关是指因遗传因素使同一个体的两个性状间表现出的相关关系，也是该性状基因型值之间的相关。遗传相关是由基因的多效性引起的。遗传相关也有狭义遗传相关和广义遗传相关之分。

广义遗传相关的计算方法是用两性状的基因型协方差与该性状各基因型标准差乘积的比值；狭义的遗传相关是两性状加性效应值之间的加性遗传相关。遗传相关的用途主要有：①用于间接选择，即动物育种中使用狭义遗传相关较多，可以用来确定与动物育种目标性状相关的性状；②用于多性状选择，如果选择方案涉及多个性状，就要用遗传相关这 参数进行选择；③用于不同环境下的性状选择，如果同一性状在不同环境下的遗传相关性高，那么认为这两个性状属于同一性状，在选择时不用考虑不同环境条件对该性状产生的差异。

一般采取两性状分析模型进行遗传参数的估计，具体公式如下：

$$r_a = \frac{\sigma_{(a1a2)}}{\sigma_{a1}\sigma_{a2}}$$

$$SE(r_a) = \frac{1 - r_a^2}{\sqrt{2}} \sqrt{\frac{SE(h_x^2)SE(h_y^2)}{h_x^2 h_y^2}}$$

式中：$\sigma_{(a1a2)}$为两性状的加性遗传方差；$\sigma_{a1}\sigma_{a2}$为两性状各自的加性遗传标准差之积；r_a^2为两性状的遗传相关的平方；$SE(h^2)$为各性状遗传力的标准误；h^2为两性状的遗传力。

第二节　遗传参数估计方法

1945年Lush和Hazel提出重复力、遗传力和性状间的遗传相关构成了数量遗传学的核心，估计遗传参数也成为数量遗传学最基本的内容之一。作为定量描述群体数量性状遗传规律的3个重要遗传参数，其估计的准确与否直接关系到整个育种工作效率的高低，因而育种学家一直都在不断创新估计方法，以提高估计值的准确性（张勤，1990）。

1925年Fisher最先提出最大似然法（Maximum likelihood，ML），1967年Hartley和Rao首先将ML用于一般混合模型的方差组分估计，随后在此方法的基础上提出的限制性最大似然法（Restricted maximum likelihood，REML）逐渐发展成为遗传参数的经典方法。其基本原理都是分别通过对观察值y和线性函数的似然函数求极大值计算方差组分估计值，不同的是，ML是对整个似然函数求最大值，而REML只对似然函数中的含有固定效应的部分求极大值，对由于自由度损失造成的偏差进行了校正，因而估计值不受模型中固定效应的影响。目前REML的算法有很多，包括期望最大算法，非求导算法、平均信息算法等（白俊艳等，2006）。采用最大似然法得出的估计值具有以下优点：①估计值具有一致性，渐进性；②充分利用了资料提供的信息，特别是非均衡数据资料；③在大样本时，无偏性和方差最小，而且不会出现负的方差组分估计值。

到目前为止，畜禽性状遗传参数的估计主要集中在繁殖性状、生长性状、肉质性状和胴体性状等重要经济性状。遗传参数的估计也主要采用混合动物模型对遗传力、重复力和遗传相关进行估计。各品种性状间的估计结果不一致，可能与采用的动物模型、考虑的固定效应、研究的目标群体、母体效应和地理环境等有关。估计遗传参数的方法从20世纪50年代以前提出的方差组分估计到1953年Henderson提出了Henderson Ⅰ、Henderson Ⅱ、Henderson Ⅲ，从Hartley和Rao提出的最大似然法到1971年Patterson和Thompson提出的约束最大似然法，到现今相继提出的贝叶斯法（BAYES）、R法，都已随计算机技术的发展得到了广泛的推广和应用。但是，无论何种估计方法，从统计学意义上讲，都可归结为方差（协方差）组分的估计，只是根据估计的数据资料结构（均衡数据资料、非均衡数据资料）不同而选择的方法不同，最终目的都是为了寻找一种更为简单、合理、准确的估计方法。

第三节　家畜精液品质的遗传参数

精液品质特征性状之间的遗传参数研究多见于猪、牛和绵羊等较大型的动物中。目前，牛的精液品质性状遗传参数估计的研究报道较多，研究结果也不尽相同（表3-1）。部分研究者认为牛精液品质性状遗传力为低遗传力性状，遗传力为0~0.3，如Gipson在1987年估计海福特和安格斯牛精子密度、精子活力、精子存活率、总精子数的遗传力分别为0.20、0.11、0.19、0.13，均为中等偏低遗传力（Gipson et al.，1987），Smith等（1989）估计的牛精子活力、精子畸形率遗传力为0.08和0.07，Kealey等（2006）估计的牛精液颜色、精液量、精子密度、精子存活率和精子畸形率的遗传力分别为0.15、0.09、0.16、0.22和0.30。也有部分研究者认为牛精液品质性状为中等偏高遗传力，Ducrocq和Humblot（1995）采用最大似然法估计了1 597头诺曼底公牛的精液品质性状遗传参数，其中精液量遗传力最高（$h^2=0.65$），精液颜色、精子活力遗传力分别为0.23、0.37，并且性状间高度相关。Smital等（2005）认为精液量、精子密度、精子畸形率、精子存活率和总精子数的遗传力分别为0.58、0.49、0.34、0.38和0.42。

表3-1　种公牛精液品质性状遗传力研究结果汇总

研究人员	品种	性状	遗传力
Gipson	海福特	精子密度	0.20
		精子活力	0.11
		精子存活率	0.19
		总精子数	0.13
Smith、Brinks和 Richardson	安格斯	精子活力	0.08
		精子畸形率	0.07
Kealey	海福特	精液颜色	0.15
		精液量	0.09
		精子密度	0.16
		精子存活率	0.22
		精子畸形率	0.30
Ducrocq和Humblot	诺曼底	精液量	0.65
		精液颜色	0.23
		精子活力	0.37
Smital、Wolf和Sousa	诺曼底	精液量	0.58
		精子密度	0.49
		精子畸形率	0.34
		精子存活率	0.38
		总精子数	0.42

除牛外，对猪、兔、马等其他单胃动物的精液品质也进行了大量的研究工作，结果如表3-2所示。尽管不同物种间精液品质的遗传参数

差别明显，但已知的研究中，单胃动物精液品质的遗传力都小于0.3，为中低水平遗传力。

表3-2 不同单胃动物精液品质性状遗传力汇总

物种	精液量	精子密度	精子活力	精子畸形率
杜洛克猪	0.22	0.20	0.14	0.25
约克夏猪	0.23	0.27	0.26	0.21
兔	0.06	0.10	0.05	0.14
德国温血马	0.28	0.21	0.14	0.13

从以上结果可以看出，遗传参数具有显著的群体特异性，参数的大小取决于参与性状表现的基因频率与作用方式以及各自所处的环境因素。同一物种中，由于样本大小和估计方法的不同，造成遗传参数的估计大小会有很大差异。在育种工作中往往需要根据性状遗传力的高低或相关程度分别实施不同的对策。

第四节 种公鸡精液品质的遗传参数

一、公鸡精液品质性状的遗传力

相对于家畜上的研究，鸡精液品质遗传参数估计的研究报道较少，且不同研究报道的结果存在差异（表3-3），可能与品种、饲养环境、估计方法、样本量、动物模型等因素有关。作者团队利用动物模型对北京油鸡进行了精液品质遗传参数的估计，填补了中国地方鸡精液品质遗传估计的空白。根据非遗传因素（品系和采精时间）分析结果建立动物模型，采用多性状约束最大似然法（MTDF-REML）对

518只43周龄北京油鸡公鸡精液品质性状的遗传力进行估计，结果发现精子存活率、精子活力和精子畸形率3个性状为高遗传力（$h^2=0.52$、0.85、0.60），精液量、精液颜色和精子密度为中等遗传力性状（$h^2=0.28$、0.19、0.12），精液pH值性状遗传力较低（$h^2=0.03$）（胡娟，2010）。

采用的动物模型如下：

$$y_{ijkl} = \mu + l_i + t_j + w_k + a_{ijkl} + e_{ijkl}$$

式中：y_{ijkl}为第$ijkl$个体的观察值；μ为群体观测值的总平均；l_i为影响观察值的品系效应，为固定效应（l_i-0时，表示不考虑该效应）；t_j为影响观察值的采精时间效应，为固定效应（$t_j=0$时，表示不考虑该效应）；w_k为影响观察值的43周龄的体重效应；a_{ijkl}为第$ijkl$个体的加性遗传效应（育种值），为随机效应；e_{ijkl}为随机残差效应。

国外研究人员也开展了相关研究。Soller等（1965）对白洛克鸡精液品质相关性状的遗传参数进行估计，认为精液量、精子密度和精子活力性状为高遗传力性状，精子活力、精液量和精子密度遗传力估计值分别为0.87、0.41和0.50。Bongalhardo等（2000）采用最小二乘分析法估计了698只26周龄白来航公鸡精液量、精子密度和精子活力性状遗传力，估计值分别为0.27、0.34和0.26。Kabir等（2007）采用方差组分分析法估计了329只罗德公鸡精液品质相关性状，精子活力、精子存活率、精液量、精液颜色、精子密度和精子畸形率遗传力分别为0.82、0.33、0.45、0.55、0.52和0.42。Gebriel等（2009）估计140只46周诺法公鸡（埃及地方品种）精液量、精子密度、精子活力、精子存活率、精子畸形率和精液pH值遗传力分别为0.28、0.11、0.32、0.25、0.12和0.25。

表3-3　不同品种公鸡精液品质性状遗传力汇总

品种	精液量	精子密度	精子活力	精子存活率	精子畸形率	精液颜色	精液pH值
白洛克	0.41	0.50	0.87	—	—	—	—
白来航	0.27	0.34	0.26	—	—	—	—
罗德	0.45	0.52	0.82	0.33	0.42	0.55	—
诺法	0.28	0.11	0.32	0.25	0.12	—	0.25
北京油鸡	0.28	0.12	0.85	0.52	0.60	0.19	0.03

整体来看，公鸡精液品质性状属于中等偏高遗传力性状，其中精子活力、精液量、精子存活率在不同品种中都具有较高的遗传力，而精子密度、精液pH值遗传力普遍较低。在实际育种方案制定中，仍需要对具体品种精液品质的遗传参数进行评估。

二、种公鸡精液品质性状的遗传相关

在实际生产中，一些性状间的遗传相关有着重要的意义。例如在育种时可显示各种性状综合选择的难易，或在单独选择某性状时，可显示与它有遗传相关的性状将会出现何等程度的遗传变化。此外，有些难以直接度量或者在晚期才表现出的性状，可以依据遗传相关估计结果，借助与目标性状紧密关联、更容易测量的性状进行选择，以提高育种进展，降低育种成本。

作者团队对北京油鸡进行研究发现，精液量与精子畸形率、精子密度性状间存在高的遗传正相关（$r_a = 0.47$、0.68），性状间的表型相关较低或不显著（表3-4），与Gebriel（2009）研究结果一致。从遗传机制分析主要由于一因多效（Pleiotropy），即同一基因同时操纵或影响两个以上性状的表现，而由于不同环境因素对这些基因的影响效果不同，因而表现出表型相关较低或不显著。因此选择时需要兼顾性状间的拮抗作用，避免发生顾此失彼的后果。

表3-4　北京油鸡公鸡精液品质性状遗传力、遗传相关和表型相关

指标	精液量	精液pH值	精液颜色	精子存活率	精子活力	精子畸形率	精子密度
精液量	**0.28**	0.06	0.20	0.01	0.02	0.14	0.04
精液pH值	−0.59	**0.03**	0.16	0.05	0.04	0.08	0.44
精液颜色	0.01	−0.49	**0.19**	0.03	0.01	0.09	0.18
精子存活率	−0.03	−0.40	−0.29	**0.52**	0.59	0.22	0.06
精子活力	−0.02	−0.36	0.28	0.88	**0.85**	0.14	0.15
精子畸形率	0.47	−0.66	0.57	−0.37	−0.27	**0.60**	0.07
精子密度	0.68	−0.38	0.88	−0.72	−0.04	0.53	**0.12**

注：对角线上的数值为性状的遗传力；对角线以下为性状间遗传相关；对角线以上为性状间表型相关。

精液颜色与精子活力、精子畸形率和精子密度间存在中等以上遗传正相关，与精子存活率间存在较高遗传负相关。根据精液颜色间接选择精子存活率和精子活力等目标性状时，有可能会提高精子畸形率的比例。精液颜色在一定程度上能反映精子密度的高低，因而根据精液颜色间接提高精子活力或者活率可以认为是在提高精液中直线运动的精子数或活的精子数，但是单位体积内做直线运动的精子数或活的精子数与畸形精子数的比例并没有改变。

精子活力和精子存活率间存在高度表型相关（$r_P = 0.59$）和遗传相关（$r_A = 0.88$），与Gebriel（2009）研究结果一致，表明两个性状可能受共同作用的基因较多，或者是影响两性状的基因大多处于连锁不平衡状态，且都会受相同的环境因素影响。值得一提的是，精子存活率、精子活力均与精子畸形率间存在中等以上遗传负相关。王瑞雪等（2006）在研究人顶体完整率和精子活力、精子存活率的关系发现，顶体完整率高的组精子活力和精子存活率高于顶体完整率低的组。结果提示当通过一定的育种措施提高精子存活率和精子活力时，有可能同时降低精子畸形率的比例。因此，在对精子存活率或精子活力单个

性状进行选择时可能会起到事半功倍的效果。

精子密度与精子存活率性状间虽然存在高遗传负相关（$r_A = -0.72$），并不意味着精子密度性状不适合作为育种目标。有研究人员发现精子密度每毫升达1×10^8亿个时，受精效果最佳，密度过高或过低都会影响繁殖力。因此，对精子密度性状进行选择时只需保证足够数量的正常有活力精子数即可。

精液pH值与精液量、精液颜色、精子存活率、精子活力、精子畸形率和精子密度等性状间均存在中等以上的遗传负相关，表型相关较低或不显著。从遗传机制分析，可能是因为对精液pH值有间接影响的相关因子基因与对精子存活率和精子活力性状有影响的基因在染色体上处于连锁状态，而相同的环境因素对这些基因的影响效果不一，因而表现出表型相关较低或不显著。从生理学角度解释，精液pH对于维持精子生命活动的稳定性具有重要意义。精液pH接近中性时，精子具有较高的生命活力；若精液pH下降，精子与精液间正常的离子交换活力降低，从而影响精子内外部渗透压的平衡，致使精子活力及活率降低。因此，对精液pH的选择，应当更加接近中性，从而提高精子活力及精子存活率。

在育种实践中，可以根据遗传相关评估结果，对精子存活率、精子活力和精子畸形率等测定过程相对烦琐的性状进行间接选择。

第五节　种公鸡精液品质遗传参数的应用

一、精液品质遗传参数的应用原则

在育种工作中，往往需要根据性状遗传力的高低或相关程度分别实施不同的对策。对于遗传力不同的性状，在制定繁育、选择、建系等方法时是不同的，如在制定繁育方法时，遗传力高的性状适宜采用纯繁的方式提高，因为性状遗传力高表明这个性状的遗传能力强，子代和亲代表现相似，因此通过对亲代的选择可以在子代得到较大的反应，选择效果好；对于遗传力低或测定困难的性状一般可以通过杂交引入优良基因来提高，因为遗传力低的性状可能是由于品种内估测随机环境方差过大而造成低值，但性状在品种间的差异却很明显，因此可以通过经济杂交利用杂种优势来提高性状均值；也可利用该性状与高遗传力且容易度量性状间的遗传相关进行选择，并借助分子标记辅助选择（Marker-assistant selection，MAS），提高选种的准确率，以加快遗传进展。遗传力中等以上的性状可采用个体表型选择这种简便有效的方法。

近年来随着分子育种的逐渐兴起，很多性状的单核苷酸多态性（SNPs）、数量性状位点（QTLs）以及候选基因和主效基因陆续被发现，丰富了遗传信息库，有助于优良品种的培育，并加快培育进程。但传统的育种方法并没有被淘汰，在动物育种的大背景下依然发挥着重要作用。遗传参数的估计，是为了更好地制订育种计划，也为联合育种提供参考。因此，运用数量遗传学理论及分子遗传学理论对公鸡精液品质性状进行选育是改良精液品质的理想方法。

二、种公鸡精液品质遗传选择的一般程序

为提高群体的繁殖效率，可参考以下程序对种公鸡进行选择：第一次选择在出雏时，选留生殖突起发达、雄性特征明显、体况正常、活泼健康的公雏；第二次选择在6~8周龄时，可优先选用体重偏大，鸡冠颜色鲜红以及腿部和脚趾无弯曲状况的公鸡，作为备用种公鸡，同时对公鸡的外貌进行筛选，对存在外貌缺陷的公鸡需及时淘汰。第三次在17~18周龄时进行筛选，首先选择体重在标准范围内的个体并观察公鸡的鸡冠发育状况，即肉髯发育偏大，且颜色鲜红，体型和羽

毛发育良好。在抚摸腹部时有明显的性反应，包括排精和翻肛等，此类公鸡往往具备较好的繁殖能力。第四次选择在公鸡40～43周龄时，繁殖后期种公鸡的繁殖机能逐渐减退，精液品质大幅下降，因此地方品种的种公鸡使用期一般到45周龄。考虑到指标检测的难度，可以重点对精液量和精子活力进行选择，用于种公鸡选留。此外，还可以根据本书第五章的内容，采用标记辅助选择方法对遗传力较低、测定难度大的精液品质性状进行选择。

种公鸡精液品质遗传参数估计的思考与展望

精液品质与精子发生密切相关，并受多种因素共同调控。本章节着重介绍了有关不同类型和品种公鸡精液品质遗传参数的估计方法及估计结果，为理解这些性状遗传机制提供了参考，并指出了遗传改良的可行性，为今后种公鸡尤其为中国地方品种公鸡精液品质的改良提供参考。

遗传参数的估计是畜禽育种的重要基础工作，目前国内外研究人员已经在公鸡精液品质性状估计方面取得了较好的进展，为科学制定选择性状方案、加快性状的选育提高奠定了扎实的基础。但随着全基因组选择技术等分子育种技术的逐步普及应用，对遗传参数估计的准确度和精细度提出了更高的要求。一方面，基于系谱—基因组信息的亲缘关系矩阵为提高遗传评估准确度提供了新的思路，新模型和新算法的出现也为不同数据的联合利用创造了可能。另一方面，随着育种方案精细度的提高，遗传参数估计的应用频率大大增加，研发易于使用、界面友好的软件平台也是重要的方向。

参考文献

白俊艳，张勤，贾小平，2006. 畜禽遗传参数估计方法的研究进展[J]. 现代畜牧兽
医，（1）：51-54.

曹宁贤，杜炳旺，廖威，2007. 贵妃鸡快慢羽品系种公鸡精液品质的观察与测定
[C]//第十三次全国家禽学术讨论会论文集. 郑州.

胡娟，2010. 北京油鸡精液品质遗传参数估计及相关候选基因的研究[D]. 北京：
中国农业科学院.

王瑞雪，刘睿智，许宗革，等，2006. 顶体形态与精子活力、活率关系分析[J]. 中
国现代医学杂志，16（8）：1210-1212.

张勤，1990. 家畜育种值和遗传参数估计方法的发展及现状[J]. 国外畜牧学（草食
家畜），（6）：1-4.

郑守俊，李自强，钟元伦，等，1991. 星杂288蛋鸡主要经济性状遗传参数重复力
的研究[J]. 八一农学院学报，（4）：5-8，27.

BONGALHARDO D C，DIONELLO N，LEDUR M C，2000. Genetic parameters
for semen traits in a white leghorn strain. 1. Heritabilities and correlations[J].
Revista Brasileira De Zootecnia-Brazilian Journal of Animal Science，29（5）：
1320-1326.

DUCROCQ V，HUMBLOT P，1995. Genetic-characteristics and evolution of semen
production of young normande bulls[J]. Livestock Production Science，41（1）：
1-10.

GEBRIEL G，KALAMAH M，EL-FIKY A，et al.，2009. Some factors affecting
semen quality traits in norfa cocks[J]. Egyptian Poultry Science，29（2）：
677-693.

GIPSON T A，VOGT D W，ELLERSIECK M R，et al.，1987. Genetic and

phenotypic parameter estimates for scrotal circumference and semen traits in young beef bulls[J]. Theriogenology, 28（5）: 547-555.

HENDERSON C, 1953. Estimation of variance of covariance components[J]. Biometrics, 9（2）: 226-252.

KABIR M, ONI O, AKPA G, 2007. Osborne selection index and semen traits interrelationships in rhodeisland red and white breeder cocks[J]. International Journal of Poultry Science, 6（12）: 999-1002.

KEALEY C G, MACNEIL M D, TESS M W, et al., 2006. Genetic parameter estimates for scrotal circumference and semen characteristics of line 1 hereford bulls[J]. Journal of Animal Science, 84（2）: 283-290.

SMITAL J, WOLF J, DE SOUSA L L, 2005. Estimation of genetic parameters of semen characteristics and reproductive traits in ai boars[J]. Animal Reproduction Science, 86（1-2）: 119-130.

SMITH B A, BRINKS J S, RICHARDSON G V, 1989. Estimation of genetic parameters among breeding soundness examination components and growth traits in yearling bulls[J]. Journal of Animal Science, 67（11）: 2892-2896.

SOLLER M, SNAPIR N, SCHINDLER H, 1965. Heritability of semen quantity, concentration and motility in white rock roosters, and their genetic correlation with rate of gain[J]. Poultry Science, 44（6）: 1527-1529.

第四章 种公鸡弱精症遗传机制研究

弱精症主要表现为精子活力低下，目前在人类医学上研究较多。根据《世界卫生组织人类精液检测与处理实验室手册》，弱精症被定义为连续三次精液检查，精子前向运动率都小于32%。弱精症是男性不育症的最常见原因之一，占所有男性不育因素的50%。导致弱精症的潜在原因很多，包括输精管炎症性疾病、精索静脉曲张、免疫因素、染色体异常，以及生活方式和环境因素等。但截至目前，弱精症发生机制仍不清楚。随着人工授精技术在家禽上的应用，种公鸡群体中的弱精症问题也越来越受到重视。据不完全统计，每年约有10%的种公鸡因弱精症被淘汰。作者团队前期研究也发现，北京油鸡等地方鸡群体中也存在较大比例的弱精症公鸡个体。公鸡弱精症问题已经成为制约地方鸡产业发展的重要因素之一。

第一节 种公鸡弱精症的表现

一、种公鸡弱精症的繁殖表现

较高的精子活力可以确保精子与卵子相遇，并完成对卵膜的穿透，只有直线前向运动的精子才能够与卵细胞完成受精过程。弱精症公鸡由于精子活力低下，种蛋受精率也明显处于较低水平（表4-1）。作者团队前期研究发现，在所有的繁殖指标中种蛋受精率与精子活力存在最高的关联程度（刘一帆，2018）。

表4-1　弱精症与正常公鸡的繁殖指标对比

指标	正常公鸡	弱精症公鸡	P值
精子活力（10分制）	6.45 ± 0.89	2.76 ± 1.34	**
受精率（%）	73.80 ± 10.30	38.70 ± 16.30	**
精液量（mL）	0.42 ± 0.14	0.44 ± 0.13	—
精液pH值	7.10 ± 0.10	7.10 ± 0.20	—
精子存活率（%）	67.50 ± 12.30	44.00 ± 8.70	*
精子畸形率（%）	14.40 ± 4.23	25.62 ± 10.28	*
两侧睾丸重量（g）	38.10 ± 7.22	40.20 ± 5.71	—
精子密度（10^9个/mL）	2.33 ± 0.25	1.95 ± 0.22	*

注：**代表两组数据差异极显著（$P<0.01$），*代表两组数据差异显著（$P<0.05$）；—代表两组数据差异不显著。

（资料来源：Sun Y，Fu L，Xue F，et al.，2019. Digital gene expression profiling and validation study highlight Cyclin F as an important regulator for sperm motility of chickens[J]. Poultry Science，98（10）：5118-5126）

弱精症公鸡还表现为精子存活率低和精子畸形率高。一方面可能是因为死精子、畸形精子的出现率较高，导致整体精子运动水平降低。另一方面，死精子、畸形精子能够产生氧自由基（ROS），导致出现氧化应激。研究表明，氧化应激是造成精子活力下降的重要原因。激素方面，弱精症公鸡血清的LH、FSH和睾酮浓度与正常公鸡均没有差异。

较低的精子活力还能影响公鸡的持续受精能力（图4-1）。作者团队前期研究发现，弱精症公鸡理论最高受精率和受精维持能力均小于正常公鸡，输精后21 d的平均受精率显著低于正常公鸡（李云雷，2020）。其他研究团队还发现了弱精症公鸡的精液量和精子密度均低于正常公鸡，与作者团队研究结果存在一定区别，可能是由于筛选标准不同所致（陈静，2015）。

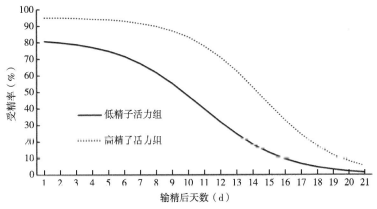

图4-1　公鸡精子活力和受精持续能力关系

（资料来源：李云雷，2020. 基于精浆蛋白质组和精子转录组的鸡精子活力调控机制研究[D]. 杨凌：西北农林科技大学）

二、睾丸形态表型

正常发育的睾丸曲细精管是公鸡繁殖力的保证。作者团队前期研究发现弱精症公鸡生精上皮完整性较差，且错乱无序，少见成熟精子（图4-2）（薛夫光，2015）。在正常的睾丸曲细精管中，各级生精细胞应由内而外依次排列。有研究报道睾丸的器质性变化可能是导致公鸡精子活力低下的原因之一，弱精症公鸡睾丸相关参数，包括生精上皮长、精细小管直径、面积和约翰逊评分均显著低于正常组。

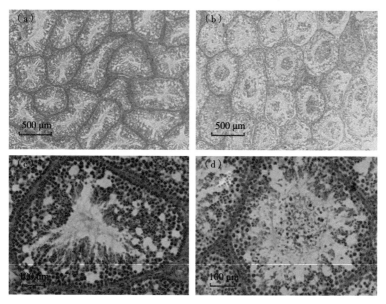

（a）正常公鸡睾丸；（b）弱精症公鸡睾丸；
（c）正常公鸡睾丸；（d）弱精症公鸡睾丸。

图4-2　弱精症和正常公鸡睾丸组织切片观察

三、氧化应激与公鸡弱精症

氧化应激是指体内氧化与抗氧化作用失衡的一种状态，倾向于氧化，可导致中性粒细胞炎性浸润，蛋白酶分泌增加，产生大量氧化中间产物。氧化应激是自由基在体内产生的一种负面作用，并被认为是导致衰老和疾病的一个重要因素。禽类精液中活性氧和抗氧化剂之间的平衡是精子膜完整性、精子活力和受精能力的基本决定因素。有研究人员通过分析弱精症和正常公鸡的氧化应激和抗氧化酶水平，结果发现弱精症公鸡精液中氧化应激产物丙二醛（MDA）水平显著高于正常公鸡，提示精液中脂质过氧化异常是造成公鸡弱精症的原因之一（Khan et al.，2011）。

四、弱精症公鸡模型的构建

有研究人员通过注射白消安构建弱精症公鸡模型（翟飞，2014）。公鸡注射白消安5 d后出现毒性反应，7 d后偶见公鸡死亡，用药两周后，毒性逐渐消失，存活个体恢复正常。白消安处理13 d后，公鸡精子活力显著降低，畸形率显著升高，精子存活率显著降低，精液量减少，睾丸生精上皮结构明显损伤。此外，还可以通过腺嘌呤、奥硝唑、雷公藤多苷、热应激、电离辐射、高脂饮食、基因敲除等方式构建弱精症动物模型，但在公鸡上有待应用。

第二节　转录组学研究种公鸡弱精症调控机制

转录水平的调控是生物机体基因表达的主要调控方式之一，在各种生理过程的调控中都发挥了至关重要的作用。转录组（Transctiptome）指细胞转录的所有RNA的总和。转录组学是研究细胞中基因转录及其调控规律的一门学科。转录组学是功能基因组学研究的重要内容，率先出现且应用比较广泛，在研究细胞生理活动规律、揭示基因表达与生命现象之间的内在联系等方面发挥着越来越重要的作用。随着非编码RNA研究的不断深入，转录组学研究范围不断深化，转录组学已经成为生命科学领域的重要研究方向。

一、性腺转录组学探究种公鸡精子活力调控机制

睾丸是精子形成的场所，精子在睾丸内从精原细胞发育至成熟精子，经过一些复杂调控过程获得运动能力。睾丸内包含不同发育阶段的生殖细胞和成熟精子，以及在精子发育过程中发挥重要作用的支持细胞、间质细胞。此外，睾丸能够分泌睾酮，参与调控繁殖过程。附

睾在精子成熟过程中发挥重要作用，帮助精子获得渐进性运动能力和受精能力。因此，睾丸和附睾十分适合作为公鸡精子活力性状和弱精症的研究材料。

1. 性腺中RNA的类型

非编码RNA（noncoding RNA，ncRNA）的概念最早于1993年提出，Lee等（1993）将发现的微小RNA（miRNA）定义为一类新的真核生物中基因调控因子。经过二十多年的研究，新的非编码RNA类型陆续被报道，包括长链非编码RNA（lncRNA）、与piwi蛋白互作RNA（piRNA）、环状RNA（circRNA）等，这些RNA的发现为功能基因调控的研究开辟了新的视野。

miRNA是一类长度在21～25 nt的内源性非编码单链RNA分子，具有高度保守性、时序性和组织特异性。在哺乳动物上的研究表明，miRNA在睾丸内的各种生殖细胞中表达广泛，在精子发生过程中发挥着至关重要的作用。作者团队在公鸡睾丸样本中鉴定到了518个已知miRNA，同时预测到了106个新miRNA（Liu et al.，2018）。睾丸表达的已知miRNA占鸡已知miRNA的52.1%，提示鸡睾丸miRNA具有组织特异性。有研究人员在公鸡附睾组织中也鉴定到了463个miRNA（Xing et al.，2022）。

piRNA是一种在生殖细胞中大量表达的small RNA，能够通过特异性结合piwi蛋白，参与生精细胞的发育调控。piRNA的长度主要在26～32 nt，因此piRNA的表达可能是造成公鸡睾丸small RNA特殊长度分布的主要原因。有研究人员通过Solexa测序鉴定到了3 190个piRNA在公鸡睾丸中的表达（徐璐，2017）。作者团队也发现piRNA约占鸡睾丸全部small RNA的10%。

长链非编码RNA（long non-coding RNA，lncRNA）是一类新近发现的内源性、长度超过200 nt的非编码RNA。作者团队首次分析了公鸡睾丸lncRNA表达谱，并发现相比于mRNA，lncRNA具有较低的表达水平、较短的转录本长度和较少的外显子数目。与lncRNA数据库ALDB进行比对发现，仅有不到20%的睾丸lncRNA能够与已报道的鸡lncRNA比对上，提示睾丸lncRNA具有较强的组织特异性。lncRNA基因组位置结果显示，睾丸lncRNA主要集中在1号（433条）和Z（404条）染色体上（图4-3）。

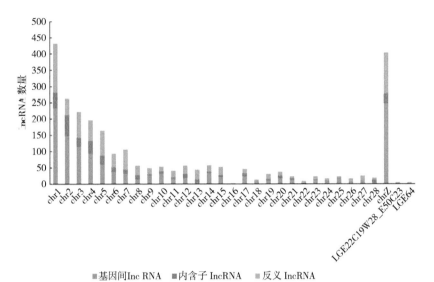

■基因间lnc RNA　■内含子 lncRNA　■反义 lncRNA

图4-3　公鸡睾丸lncRNA的染色体分布

（资料来源：Liu Y，Sun Y，Li Y，et al.，2017. Analyses of long non-coding RNA and mRNA profiling using RNA sequencing in chicken testis with extreme sperm motility[J]. Scientific Reports，7（1）：1-8）

2. 公鸡性腺转录本表达与精子活力调控

作者团队采用数字基因表达谱（Digtal gene expression profiling，DGE）和生物信息分析方法，探索了弱精症和正常公鸡睾丸中的全局差异表达基因（Differentially expressed gene，DEG）（Sun et al.，2019）。在弱精症公鸡睾丸中鉴定出652个DEGs，包括473个上调基因和179个下调基因（表4-2）。这些DEGs富集了21个分子功能（Molecular function，MF）条目，10个细胞组分（Cellular compoent，

CC）条目，包括运动纤毛、微管运动活性和ATP结合在内的13个生物过程（Biological Process，BP）条目。京都基因和基因组百科全书（KEGG）富集分析表明这些DEGs参与了FoxO信号通路和胰岛素抵抗通路。

为研究弱精症的发生机制，作者团队通过精液品质检测筛选建立了弱精症和正常公鸡群体。对弱精症和正常公鸡睾丸进行lncRNA测序，共获得56.2 Gb的原始测序数据（Liu et al.，2017）。在鸡睾丸中鉴定到2 597个lncRNA，包括1 267个基因间lncRNA，975个反义lncRNA和355个内含子lncRNA。差异表达分析发现124个lncRNA和544个mRNA在两组样本间差异表达显著。功能富集分析发现差异表达mRNA主要参与ATP结合、纤毛组装和氧化应激消除信号通路。对lncRNA进行靶基因预测发现，lncRNA MSTRG.3652和MSTRG.4081可能通过调控靶基因 *CDK13* 和 *LOC428510* 的表达参与鸡弱精症调控过程。对弱精症和正常公鸡的睾丸进行small RNA测序，获得6.8 Gb的测序数据，在鸡睾丸中鉴定到518个已知的miRNA，并预测了106个新miRNA。差异表达分析发现两组样品间存在23个差异表达miRNA，包括18个已知miRNA和5个新miRNA。对差异miRNA的靶基因进行功能富集分析，发现GnRH、MAPK和Wnt等信号通路与鸡弱精症相关。

表4-2　已经开展的公鸡弱精症相关性腺转录组研究

研究品种	研究材料	研究结果
北京油鸡	弱精症和正常公鸡睾丸组织	473个上调基因和179个下调基因
北京油鸡	弱精症和正常公鸡睾丸组织	124个lncRNA和544个mRNA差异表达
北京油鸡	弱精症和正常公鸡睾丸组织	23个miRNA差异表达
海兰褐蛋鸡	正常公鸡睾丸和附睾组织	5 124个基因差异表达
海兰褐蛋鸡	弱精症和正常公鸡睾丸组织	302个基因和13个miRNA差异表达
海兰褐蛋鸡	弱精症和正常公鸡睾丸组织	84个基因和6个miRNA差异表达

　　有其他研究团队以海兰褐蛋鸡为研究对象，比较了弱精症和正常公鸡睾丸的mRNA和miRNA转录组（Xing et al.，2020）。与弱精症个体相比，在正常组中共鉴定出302个DEGs，其中包括182个上调基因和120个下调基因。这些DEGs的一个子集与类固醇激素的生物合成有关，因此可能对精子发生很重要。还检测到13个差异表达的miRNAs，靶基因预测表明其中7个可能与精子发生有关。该研究团队还通过弱精症附睾转录组分析，检测到84个DEGs和6个差异表达miRNAs。DEGs的综合解释表明，*MMP9*、*SLN*、*WT1*、*PLIN1*和*LRRIQ1*是影响公鸡附睾精子活力的重要候选基因。MiR-146a、mir-135b和mir-205可能在精子成熟和运动中发挥重要的调节作用（图4-4）。

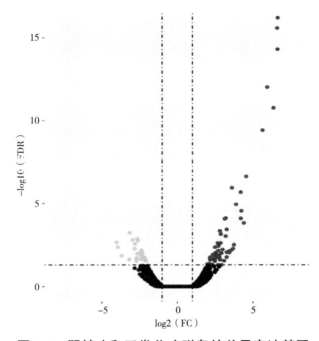

图4-4　弱精症和正常公鸡附睾的差异表达基因

　　注：FC为基因在弱精症和正常公鸡附睾的差异倍数；FDR为差异基因的错误发现率。

　　（资料来源：Xing K，Chen Y，Wang L，et al.，2022. Epididymal mRNA and miRNA transcriptome analyses reveal important genes and miRNAs related to sperm motility in roosters[J]. Poultry Science，101（1）：101558）

3. 弱精症相关转录本的互作调控

随着对非编码RNA功能研究的不断深入，非编码RNA之间以及与基因的调控机制逐步完善，转录水平的各因子互作网络越来越受到研究者的重视。构建基因-miRNA-lncRNA调控网络已成为揭示疾病和动物重要性状调控机理的重要策略之一。相对于常规的对单因子进行测序分析的策略，构建多因子的互作网络分析具有两个重要的优势：一方面，由于测序样本的筛选或处理难以避免一些非目标因素的影响，导致真实的研究结果隐藏在这种干扰之中。互作网络分析能够整合多个组学研究的结果并进行交叉验证，减少非目标因素造成的影响，提高组学分析的研究效率；另一方面，由于疾病的发生和动物性状是受相当复杂的机制所控制，单个因子的组学分析通常都得到海量的差异分析结果，通过互作网络分析能够缩小差异基因集合，快速高效地鉴定到疾病或性状最为关键的基因集合。

作者团队通过构建鸡弱精症相关mRNA-miRNA-lncRNA互作网络和蛋白质互作网络，预测到一个包括35个lncRNA、119个mRNA和18个miRNA的调控因子集合。综合研究结果发现，MSTRG.4081—LOC428510—gga-miR-155，MSTRG.3652—CDK13—gga-miR-6631-5p和gga-miR-155—KCNA1—MSTRG.4692等互作通路可能是影响鸡弱精症发生的重要机制。其他研究团队还通过构建睾丸和附睾miRNA-mRNA互作网络（图4-5），鉴定到了7个与鸡弱精症相关的miRNA-mRNA，其中包括*miR-215*与*FAM84A*基因。

二、精子转录组学探究种公鸡精子活力调控机制

精子是遗传信息的载体，成熟精子在形态学上高度特化，在分化与成熟过程中丢失大量的细胞质，其染色质的组蛋白被鱼精蛋白替换，染色质高度浓缩，精子呈现出转录和翻译沉默状态，因此一般认为成熟精子内无RNA。然而1989年Pessot等在人和小鼠成熟精子中成功

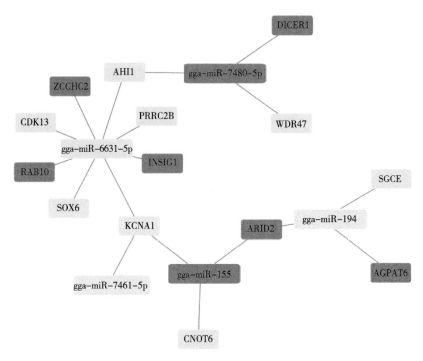

图4-5 公鸡弱精症miRNA-mRNA互作网络

（资料来源：Liu Y，Sun Y，Li Y，et al.，2018. Identification and differential expression of microRNAs in the testis of chicken with high and low sperm motility[J]. Theriogenology，122：94-101）

提取到了RNA，打破了这一传统认知。随着分子生物学技术的快速发展，人们对精子发生和成熟的生物学过程认识愈加深入，发现精子中存在微量RNA，而精子RNA的功能则有待进一步探索。

1. 鸡精子RNA的提取

未经处理的精液中可能混有体细胞（如生殖道上皮细胞、红细胞和白细胞）和各级生精细胞，这些细胞中的转录本可以导致精子RNA的污染，且成熟精子RNA含量少、易降解，精子膜致密、难裂解，这些特点使得精子的转录本分析极富挑战性。体细胞中转录本丰度是精子的几十倍甚至上百倍，有效去除精子中的体细胞是进行精子转录本分析的前提。常用的精子纯化方法包括精子上游法（Swim up）、密度梯度离心法、体细胞裂解法和流式分选法。精子上游法利用精子的自由运动特性进行分离；密度梯度离心法根据细胞的直径和密度的不同进行离心分离；体细胞裂解法根据精子和体细胞细胞膜特性的差异实现裂解分离；流式分选法根据体细胞与精子基因组DNA含量的差异，结合荧光染色和流式细胞分选技术实现对精子的纯化。

　　精子膜致密，其RNA含量极低且主要集中于细胞核附近，精子RNA的提取难度较高。精子RNA多分布于细胞核周围和顶体后壳，其次为精子颈部中段的线粒体和中心体，精子的尾部鞭毛轴丝和纤维鞘内也可能含有少量RNA（图4-6）。相对于哺乳动物，鸡精子细长且无明显的头部，细胞质含量更少，鸡精子RNA的提取更为困难。

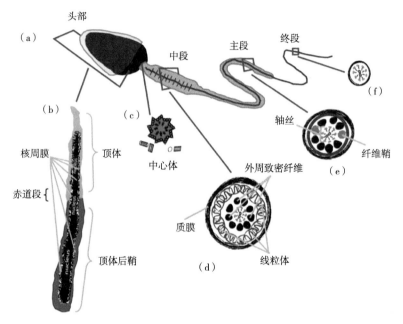

图4-6　哺乳动物精子中RNA的分布

　　注：精子头部细胞核（a）、顶体（b）、线粒体（c）和鞭毛轴丝（d、e、f）是携带精子RNA的主要部位。

　　（资料来源：Miller D，Ostermeier G C，2006. Towards a better understanding of RNA carriage by ejaculate spermatozoa[J]. Human Reproduction Update，12（6）：757-767）

由于物种间精子形态不一，精子膜致密程度和结构存在差异，不同动物精子RNA的提取方法不尽相同，即便是同一物种不同研究者所采取的精子RNA提取方法也不一致。目前试剂盒法、TRIzol法和TRIzol法结合+试剂盒法在人、牛等精子RNA的研究中均有应用。Shafeeque等（2014）使用密度梯度离心技术纯化鸡精子的基础上进行精子RNA提取，并指出TRIzol法、RNAzol法和试剂盒法（RNeasy micro kit）均可以用于鸡精子RNA的提取，其中RNAzol法和试剂盒法优于TRIzol法。作者团队采用TRIzol法结合试剂盒法在提取鸡精子RNA上的效果要优于单独使用TRIzol法或试剂盒法，得到了与Parthipan等（2015）在牛上相一致的结果。

精子RNA含量较低，约为体细胞RNA总量的1%。作者团队发现鸡成熟RNA含量在1～5 fg，RNA含量与Shafeeque等（2014）报道一致（1～10 fg），片段长度（50～500 nt）与徐璐（2017）研究结果（30～1 000 nt）相符，但短于Shafeeque等（2014）的报道（2 000～3 000 nt）。鸡精子RNA无18S和28S rRNA峰，精子RNA片段在25～500 nt，RIN值在2.5左右。

2. 精子转录本组成、特征与功能分析

随着研究的深入，精子中也被证实存在一定的mRNA和非编码RNA，Jodar等（2013）指出人类精子RNA中含量最高的是核糖体RNA（Ribosomal RNA，rRNA），其次为线粒体RNA（Mitochondrialrna，mitoRNAs）、编码转录本（Annotated coding transcripts）、内含子原件、长链非编码RNA（Long noncoding RNAs，lncRNA）和微小RNA（MicroRNA，miRNA）等（图4-7）。一些研究人员认为精原细胞分化形成圆形精子细胞后，细胞内的DNA已经高度浓缩，精子转录已经停止，然而精子变形仍需要相应蛋白质的参与，而部分蛋白质的合成依赖于细胞中已经存在的mRNA。缺乏相应的mRNA，会造成精子形态畸形和活力降低。

图4-7　精子中RNA的组成

（资料来源：Jodar M，Selvaraju S，Sendler E，et al.，2013. The presence，role and clinical use of spermatozoal RNAs[J]. Human reproduction update，19（6）：604–624.）

　　作者团队从成熟鸡精子中累计发现5 779种mRNA，99.9%的精子RNA同样表达于睾丸组织。鸡精子mRNA具有丰度分布不均衡性，其中mRNA含量最高的前10个基因reads数占整体reads数的25%以上，*PLCZ1*是所有鸡精子RNA样本中mRNA含量最高的基因，是精子RNA成功提取的标志之一；精子RNA具有个体特异性，不同个体成熟精子转录本的共有率并不高，这可能与精子成熟过程中存在转录本的随机降解与丢失有关。精子间共有的保守型转录本可能在精子发生和成熟的后期发挥着重要作用，基因功能分析结果显示，保守型精子转录本主要表达于细胞内，富集于细胞骨架、微管骨架、纤毛、中心体等细胞器或精子成分，具有泛素化蛋白转移酶活性、ATP结合、微管运动活性、阴离子结合等分子功能，参与鞭毛组装、细胞器组装、蛋白质修饰和泛素化以及mRNA转运等生物学过程，与精子鞭毛组装、能量代谢等精子的成熟和运动紧密相关（图4-8）。

　　鸡成熟精子中鉴定到已知和novel lncRNA累计3 522种，精子中的lncRNA主要来源于1号、Z和2号染色体，其中97.51%的精子lncRNA也在睾丸中表达，对lncRNA的靶基因进行预测，发现50%的精子lncRNA

靶基因在精子中表达，提示精子lncRNA对精子中基因表达存在着精细调控。这些靶基因主要参与蛋白质结合、离子转运和细胞稳态维持等生物学过程（图4-9）。徐璐（2017）对鸡不同阶段生精细胞的piRNA表达谱进行分析，发现生精细胞和成熟精子细胞中均富含piRNA，揭示了piRNA-19128可以靶向调控*KIT*基因的表达，进而影响精子的发生过程。

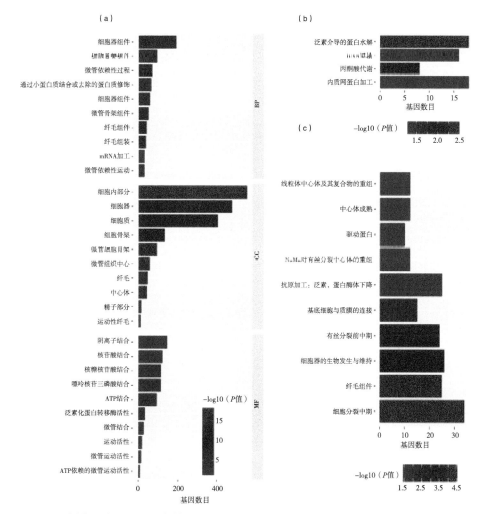

图4-8　鸡精子中mRNA的基因GO（a）、KEGG（b）和REAC（c）功能富集分析

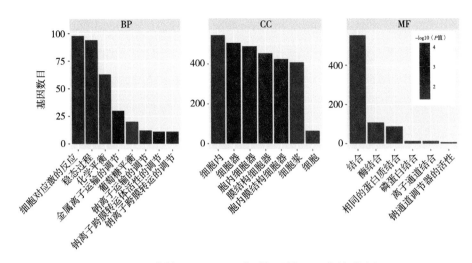

图4-9 鸡精子lncRNA靶基因的GO功能分析

CircRNA是由基因转录本反向剪接形成的一种共价闭合环形RNA，可以与细胞内的转录因子结合进而在转录水平上调控基因的表达。从鸡的成熟精子中累计发现2 737种circRNA。相对于人和猪，鸡精子中的circRNA的数量不高，且样本间保守性较低。从circRNA来源基因的分布来看，性染色体是鸡精子circRNA的重要来源，且classic、intron和intergenic三种类型的circRNA分布相对均衡。鸡精子circRNA来源基因主要参与细胞器组装、鞭毛组装和能量代谢相关的生物学过程，提示其在精子发生和成熟过程具有潜在的调控作用。

第三节　蛋白质组学研究种公鸡弱精症调控机制

随着基因组学的快速发展，在后基因组时代，蛋白质组学成为生命科学的热点研究领域。蛋白质组学通过对组织或体液中所有蛋白质的定性和定量分析，为解析睾丸发育、睾丸功能和雄性生殖疾病的研究提供了强有力的技术支撑和新的研究思路。本章节将重点探讨蛋白质组学技术解析公鸡睾丸、精子和精浆的蛋白质组成及其在公鸡繁殖调控中的作用。

一、睾丸蛋白质组成与公鸡的繁殖调控

1. 睾丸蛋白质组成

在早期，研究人员利用2-DE技术对睾丸蛋白质进行分离后鉴定，获得了大鼠、小鼠、人、牛等睾丸的蛋白质分布图，并鉴定到了血清白蛋白、蛋白质二硫化物异构酶、精子黏着蛋白等少量蛋白质；质谱技术的出现为蛋白质鉴定起到了支撑作用，这些物种睾丸蛋白质的鉴定数量和可靠性大幅提升，先后建立了人和多个动物的睾丸蛋白质数据库。霍然（2006）在成年男性正常睾丸中鉴定到了近千种蛋白质，生物信息学分析发现80%的蛋白质参与了代谢过程，并发现糖酵解通路和精氨酸代谢通路对睾丸发育具有重要作用。在猪上，Huang等（2011）对比了1周龄、3月龄和12月龄阶段的睾丸蛋白质表达情况，发现睾丸蛋白质的表达具有一定的时序性，36.1%的蛋白质随年龄的增加表达量呈上升趋势，38%的蛋白质随年龄的增加表达量呈下降趋势。

作者团队在成年北京油鸡的睾丸中鉴定出3 782种蛋白质，GO功能分析结果显示，睾丸蛋白质主要富集于能量代谢、蛋白质结合、转录活性调节、翻译活性调节、蛋白质转运等分子生物学功能条目，以及蛋白生物黏附、信号传递、细胞增殖、繁殖调控等生物学过程条目。KEGG通路富集分析结果显示，睾丸蛋白质显著富集于能量代谢过程，包括果糖和甘露糖代谢、半乳糖代谢、脂肪酸降解、丙酸代谢等，以及蛋白质的合成和加工过程，包括氨基酸的生物合成、内质网中的蛋白质加工、蛋白质的运输等。

2.睾丸蛋白质组成与公鸡的弱精症

睾丸的正常生理机能是繁殖活动的基础,睾丸蛋白质组学分析为揭示动物和人类繁殖能力低下和生殖障碍形成机制提供了新的技术支撑。

作者团队利用iTRAQ技术对低繁殖力和正常公鸡睾丸组织进行相对定量分析,发现差异表达蛋白的分子功能主要集中在DNA合成、氧化磷酸化、物质转运和核糖体结构组成等过程(图4-10)。精子的发生过程受到睾酮、FSH、LH等激素,*AZF*、*ott*基因家族及一些细胞因子的调控。激素的形成和发挥作用需要能量消耗、物质转运和信号转导等途径,其中大多数转运蛋白和信号分子参与氧化磷酸化和物质转运通路。通路分析结果显示,差异表达蛋白显著富集在新陈代谢、精氨酸和脯氨酸代谢、天冬氨酸谷氨酸代谢、细胞黏附分子等通路。筛选出差异蛋白涉及柠檬酸盐循环过程,柠檬酸盐循环涉及重要的能量代谢循环,推测精氨酸和脯氨酸代谢通路与一些重要营养物质代谢相关,进而影响生精作用的进程。细胞黏附分子信号通路参与机体免疫、神经传递、连接等生物学过程,通路中主要作用位点为上皮细胞,生精上皮是精子发生过程中一种重要的细胞附着点,精原细胞依附于生精上皮,进而逐步分裂为成熟精子细胞。细胞黏附分子信号通路可能在精子形成过程中具有一定作用。

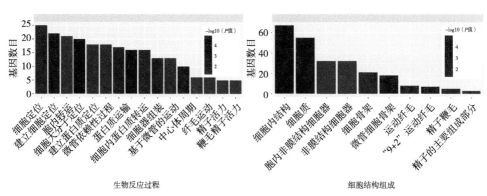

图4-10 鸡睾丸蛋白质的GO功能分析

二、精子蛋白质组成与公鸡弱精症

精子是遗传物质的载体，关于精子蛋白质的组成和功能也备受关注。在质谱技术广泛应用之前，在人上鉴定的精子蛋白质仅有几十种。近十余年来，随着蛋白质组学技术的不断升级发展，蛋白质鉴定的准确性和可信度大幅度提升，已在人正常精子细胞中发现了上千种蛋白质，这个数字还在继续增加，不断完善人精子蛋白质数据库。精子蛋白质广泛参与精子发生和精子运动相关的能量代谢、信号传导和细胞骨架构成等诸多生物学过程。进一步地，人们还对精子的亚细胞结构，包括头部、细胞核、尾部和细胞膜等部位进行了深入探究，发现精子头部蛋白包括蛋白酶体和多种信号通路蛋白，包括睾酮激素受体、代谢性谷氨酸受体等，主要调控精子顶体反应；精子核蛋白主要参与组蛋白、核糖体蛋白、蛋白酶体等构成；精子尾部蛋白主要参与细胞内能量代谢，为精子运动提供能量。大量精子蛋白的发现及功能研究能更好地理解精子发生、分化的生理机制，也为后续的精子功能蛋白质组学、差异蛋白质组学研究提供了重要的参考依据。作者团队在北京油鸡成熟精子中累计鉴定到2 309种蛋白质，这些蛋白质主要参与细胞能量代谢和信号传导等生物学过程。

由于精子中转录、翻译事件停滞，缺乏新的蛋白质生物合成，蛋白质的翻译后修饰能够迅速响应细胞外源刺激，在调节精子生理和功能中起着至关重要的作用。蛋白质修饰是指在相关供体基团转移酶作用下，在蛋白质氨基酸残基上添加供体基团的过程，可通过多种作用机制影响蛋白质功能，包括调节蛋白质稳定性、细胞代谢和应激反应等。在人精子中，已经鉴定到576个乙酰化修饰蛋白质，其中28.71%位于线粒体、10.13%位于鞭毛、6.38%位于细胞核（图4-11）。鞭毛是成熟精子的动力器官，研究发现弱精症患者精子鞭毛α-Tubulin乙酰化程度显著升高而精子头部的α-Tubulin乙酰化程度显著降低，可见蛋白质乙酰化修饰在精子结构稳定性和精子运动能力调控中具有重要作用。

精子的运动活性决定了其对能量和ATP的高度依赖性，线粒体是能量代谢工厂，在精子运动调控中起着核心作用。线粒体中乙酰辅酶A、NAD^+等代谢中间产物高度活跃，而这些中间产物是乙酰化修饰中重要的乙酰基供体，可通过酶促反应和非酶促反应调节线粒体蛋白质乙酰化水平。线粒体中60%以上的蛋白质存在乙酰化修饰位点，说明蛋白质乙酰化修饰在精子能量代谢调控中具有重要作用。精子的蛋白质修饰分析可能是揭示精子受精能力的重要途径，目前在鸡精子上的调控作用尚不清楚，有待进一步探究。

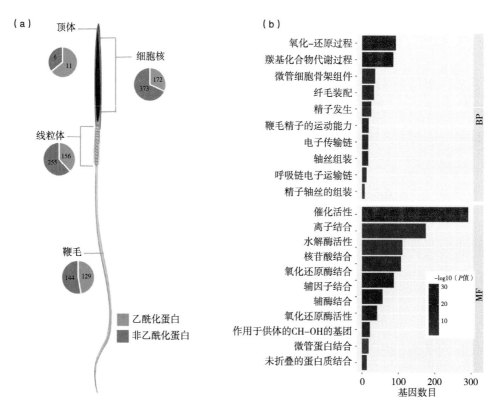

图4-11　精子乙酰化蛋白质定位（a）及其功能富集分析（b）

三、精浆蛋白质组成与公鸡的弱精症

精浆是精子的天然载体，为精子提供适宜的酸碱环境和能量来源，并催化精子的运动及其与卵子的结合。蛋白质是精浆的重要成分，其种类丰富，可通过多种功能途径参与雄性繁殖调控。精浆蛋白质能够与精子表面信号物质结合，抑制或促进精子活化等过程；通过一系列酶促反应，维持精子正常代谢微环境稳态；参与抵抗细菌感染，保护精子。此外，由于精浆蛋白质源于睾丸、附睾、输精管和精子，精浆中的蛋白质能够在一定程度上反映睾丸、附睾、输精管和精子的生理状态，是探索雄性繁殖障碍的重要生物样本，精浆蛋白质组分的变化能够指示相应器官或组织的功能和精子结构生理状态。

1. 精浆蛋白质的组成、特征与功能分析

不同物种间的精浆蛋白质含量差异较大，人、牛和犬的精浆蛋白质含量分别为35～55 mg/mL、40～65 mg/mL和12～22 mg/mL，人精浆中73.47%、26.91%、11.26%、2.10%、15.08%和25.38%的蛋白质分别源于睾丸、附睾、附睾小体、精囊腺、前列腺和精子。鸡由于缺少精囊腺、尿道球腺和前列腺等副性腺结构，其精浆蛋白质含量相对偏低，为3～10 mg/mL。

利用蛋白质电泳、质谱分析、蛋白质芯片等定性和定量技术，人们陆续对诸多物种精浆蛋白质进行了分析，结果显示人精浆中蛋白质在2 000种以上，公牛、公羊和公鸡精浆蛋白质分别为1 159种、727种和607种。公鸡精浆中的蛋白质分布并不均衡，在70 kDa附近存在高丰度蛋白。Marzoni等（2013）以棕色来航鸡为研究对象，使用二维聚丙烯酰胺凝胶电泳和液质联用质谱分析技术首次分离和鉴定了鸡的精浆蛋白质成分，分离鉴定了17个蛋白质斑点，这些蛋白质主要参与结构组成、能量代谢和应激抵抗等生物学过程。Borziak等（2016）通过SDS-PAGE分离技术结合质谱分析手段，根据精浆蛋白质分子量和相对浓度将个体的精浆蛋白质分为12个组分，对各个组分分别进行质谱分析，鉴定个体精浆蛋白质在454～803个。Labas等（2015）将精浆蛋

白分为40个组分，鉴定个体蛋白质的总数为607个。作者团队利用SDS-PAGE分离技术结合质谱分析手段，对北京油鸡的精浆蛋白质组进行分析，鉴定出522种精浆蛋白质。Borziak等（2016）、Labas等（2015）和作者团队累计鉴定公鸡精浆蛋白900个以上。对蛋白质的来源进行分析发现，60%以上的精浆蛋白质可能来自睾丸，其余蛋白质可能来自公鸡附睾、输精管和精子等。GO功能富集分析结果显示超过40%的蛋白质被定位到细胞外，或为分泌型蛋白，其中一些蛋白质定位到细胞外囊泡或外泌体上（图4-12）。蛋白质功能分析结果显示，鸡精浆蛋白与人、火鸡等功能注释结果相符，精浆蛋白质主要参与内肽酶活性调节、蛋白质水解、蛋白质磷酸化修饰、蛋白质酶原激活、能量代谢、离子稳态、自由基清除以及免疫应答等涉及精子酶活性调控、营养

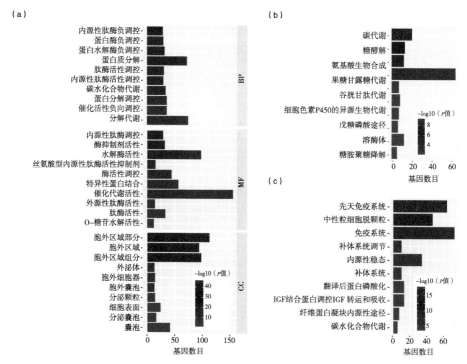

图4-12　鸡精浆蛋白质的GO（a）、KEGG（b）和 REAC（c）功能富集分析

和保护等生物学过程（图4-12）。作者团队还发现白蛋白是精浆中丰度最高的蛋白质，占精浆蛋白质总量的50%以上，与前人在鸡上的报道一致，白蛋白在维持精浆渗透压、清除氧自由基和抵抗微生物等生理学过程中具有重要作用。

2. 精浆蛋白质与精子活力调控

作者团队对比了高精子活力和低精子活力北京油鸡精浆蛋白质表达谱的差异，发现15个蛋白质在低精子活力样本中低表达，48个蛋白质在低精子活力样本中高表达，7个蛋白质在4个低活力样本中均表达，但在4个高活力样本中均未能检测到（Li et al.，2020）。

基因功能分析发现8个与糖酵解过程相关的蛋白酶（如GAPDH和HK3）和3个线粒体功能相关的蛋白质（CKMT2、CYC和SPATA18）在低精子活力组高表达。糖酵解和线粒体氧化磷酸化是能量合成的主要通路，细胞质基质和线粒体是糖酵解和氧化磷酸化的主要场所，高表达于低精子活力样本精浆中的相关细胞蛋白质可能来源于精子或输精管道上皮细胞的相关蛋白质释放。

细胞组成分析发现68.57%、21.43%和8.57%的差异蛋白质被分别定位到细胞质、细胞外和精子组分（图4-13）。进一步分析发现，低精子活力组74.54%的高表达蛋白质定位于细胞质或精子组分，71.43%的低精子活力组精浆特异性表达蛋白质定位于精子组分，包括犰狳重复序列蛋白4（ARMC4）、纤毛和鞭毛相关蛋白52（CFAP52）、径向辐条头类似物蛋白3和14（RSPH3和14）以及SPAG16。精浆中的这些蛋白质可能来源于精子鞭毛结构损伤，其在精浆中的高表达可能意味着精子的结构损伤。低精子活力组中高表达精浆蛋白质与精子共表达比率显著高于低表达精浆蛋白质（89.10% v.s. 53.33%），这些高表达蛋白质可能脱落于精子。低精子活力样本的精浆中精子ACR高表达，ACR主要位于成熟精子头部顶体内，作为一种丝氨酸蛋白溶解酶能够在精子发生顶体反应时消化卵母细胞的透明带，参与精卵结合。Labas 等（2015）指出，ACR在低精子活力公鸡精浆中丰度的大幅度提高可能与精子顶体损伤有关。Intasqui等（2016）在人的相关研究中指出，精子顶体损伤伴随着精浆中ACR、丙酮酸激酶（PKM）和超氧化物歧化酶1（SOD1）的高表达，与作者团队研究的结果相符，提示精子顶体损伤可能是鸡精子活力低下的重要因素之一。精浆蛋白质可以指示精子的顶体和结构损伤。

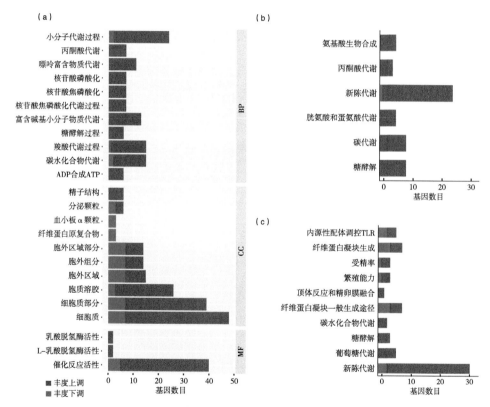

图4-13 差异表达精浆蛋白质的GO（a）、KEGG（b）和
REAC（c）功能富集分析

种公鸡弱精症调控机制研究的思考和展望

不同于人医上以治疗为主的研究目标，种公鸡由于单体价值较小，主要的研究目标是寻找生物或分子标志物，通过选种进行弱精症个体的剔除。目前的研究主要通过对弱精症表型的观察，结合转录组、蛋白组学研究工具对性腺、精子和精浆的基因表达谱进行分析，取得了一定的研究进展，但目前可以用于生产应用的技术较少。在今后的公鸡弱精症研究中，可以借鉴人医上的研究方法，为提高种公鸡繁殖水平方法的加快建立提供指导。

外泌体（Exosomes，EXs）是由细胞分泌的直径为30～150 nm的小囊泡，介导细胞间的物质转运，在配子发育和成熟等生理过程中发挥重要调控作用。最新研究表明精浆含有大量外泌体，来源于男性生殖系统多种细胞。由于精浆外泌体组分以及遗传物质会伴随外泌体起源细胞变化而改变，因此它能更精确反映生殖器官的病理生理变化，可作为潜在可靠的生物标志物。目前已有研究人员研究了精浆外泌体miRNA、蛋白水平与人、猫、牛弱精症或繁殖能力的关联，公鸡相关研究有待开展。

男性不育是男科学临床中较为常见的综合征，其病因复杂多样，在其病因的研究中，精浆抗氧化酶是近年来研究的热点。ROS由人类精子和精液中的白细胞产生，约25%的不育男性精液中ROS水平升高，并多为非精子缺乏型不育患者。正常精浆中含有超氧化物歧化酶（SOD）、过氧化氢酶（CAT）、谷胱甘肽过氧化物酶（GPX）等酶类抗氧化剂，同时也包括白蛋白、谷胱甘肽、次牛磺酸、牛磺酸和维生素C、维生素E等非酶类抗氧化剂。这些抗氧化剂可以中和ROS对精子的潜在毒性作用，其中关键的是SOD和CAT。不育男性精浆抗氧化酶活性明显低于正常生育男性，说明精浆抗氧化酶的缺陷与男性不育的发生有密切关系。开展公鸡精浆氧化应激和抗氧化剂研究，可能为揭示公鸡弱精症发生机制提供新的见解。

参考文献

陈静，2015. 种公鸡弱（无）精症发生的生理与分子机制初步研究[D]. 扬州：扬州大学.

翟飞，2014. 鸡弱精子症发生的形成因素及其与*Piwil1*基因的关联研究[D]. 扬州：扬州大学.

霍然，2006. 人睾丸蛋白质表达谱的构建及精子发生相关蛋白质组学研究[D]. 南京：南京医科大学.

李云雷，2020. 基于精浆蛋白质组和精子转录组的鸡精子活力调控机制研究[D]. 杨凌：西北农林科技大学.

刘一帆，2018. 基于睾丸测序的鸡精子活力性状mRNA-miRNA-lncRNA转录调控研究[D]. 北京：中国农业大学.

世界卫生组织，2011. 世界卫生组织人类精液检查与处理实验室手册[M]. 谷翊群，陈振文，卢文红，等译. 北京：人民卫生出版社.

徐璐，2017. 鸡精子发生过程中关键*piRNAs*及*Piwil1*基因功能初步研究[D]. 扬州：扬州大学.

薛夫光，2015. 利用iTRAQ蛋白质组学技术筛选与种公鸡繁殖力相关的候选蛋白[D]. 北京：中国农业科学院.

BORZIAK K，ÁLVAREZ-FERNÁNDEZ A，KARR T L，et al.，2016. The Seminal fluid proteome of the polyandrous red junglefowl offers insights into the molecular basis of fertility，reproductive ageing and domestication[J]. Scientific Reports，6（1）：35864.

HUANG S Y，LIN J H，TENG S H，et al.，2011. Differential expression of porcine testis proteins during postnatal development[J]. Animal Reproduction Science，123（3-4）：221-233.

INTASQUI P，CAMARGO M，ANTONIASSI M P，et al.，2016. Association between the seminal plasma proteome and sperm functional traits[J]. Fertility and Sterility，105（3）：617-628.

JODAR M，SELVARAJU S，SENDLER E，et al.，2013. The presence，role and clinical use of spermatozoal RNAs[J]. Human reproduction update，19（6）：604-624.

KHAN R U，2011. Antioxidants and poultry semen quality[J]. World's Poultry Science Journal，67（2）：297-308.

LABAS V，GRASSEAU I，CAHIER K，et al.，2015. Qualitative and quantitative peptidomic and proteomic approaches to phenotyping chicken semen[J]. Journal of Proteomics，112：313-335.

LEE R C，FEINBAUM R L，AMBROS V，1993. The C. elegans heterochronic gene lin-4 encodes small RNAs with antisense complementarity to lin-14[J]. Cell，75（5）：843-854.

LI Y，SUN Y，NI A，et al.，2020. Seminal plasma proteome as an indicator of sperm dysfunction and low sperm motility in chickens[J]. Molecular & Cellular Proteomics，19（6）：1035-1046.

LIU Y，SUN Y，LI Y，et al.，2017. Analyses of long non-coding RNA and mRNA profiling using RNA sequencing in chicken testis with extreme sperm motility[J]. Scientific Reports，7（1）：1-8.

LIU Y，SUN Y，LI Y，et al.，2018. Identification and differential expression of microRNAs in the testis of chicken with high and low sperm motility[J]. Theriogenology，122：94-101.

MARZONI M，CASTILLO A，SAGONA S，et al.，2013. A proteomic approach to identify seminal plasma proteins in roosters（*Gallus gallus domesticus*）[J]. Animal Reproduction Science，140（3-4）：216-223.

MILLER D，OSTERMEIER G C，2006. Towards a better understanding of RNA carriage by ejaculate spermatozoa[J]. Human Reproduction Update，12（6）：757-767.

PESSOT C A，BRITO M，FIGUEROA J，et al.，1989. Presence of RNA in the sperm nucleus[J]. Biochemical and Biophysical Research Communications，158（1）：272-278.

SHAFEEQUE C M，SINGH R P，SHARMA S K，et al.，2014. Development of a new method for sperm RNA purification in the chicken[J]. Animal Reproduction Science，149：259-265.

SUN Y，FU L，XUE F，et al.，2019. Digital gene expression profiling and validation study highlight Cyclin F as an important regulator for sperm motility of chickens[J]. Poultry Science，98（10）：5118-5126.

XING K，CHEN Y，WANG L，et al.，2022. Epididymal mRNA and miRNA transcriptome analyses reveal important genes and miRNAs related to sperm motility in roosters[J]. Poultry Science，101（1）：101558.

XING K，GAO M，LI X，et al.，2020. An integrated analysis of testis miRNA and mRNA transcriptome reveals important functional miRNA-targets in reproduction traits of roosters[J]. Reproductive Biology，20（3）：433-440.

第五章 种公鸡精液品质分子调控机制和标记辅助选择

　　种公鸡精液品质是一类复杂的数量性状，且多数性状遗传力仅仅处于中低水平，直接选择存在困难。此外，精液品质性状只能在公鸡性成熟后测定，而且测定方法较为复杂，这些因素都制约了精液品质选育在实际育种中的开展。分子标记辅助选择（Marker-assistant selection，MAS）是指育种工作中，借助分子标记信息对个体进行辅助选择，以达到提高选种准确性、加快遗传进展的目的，十分适合遗传力较低、表型难以早期测定、测定成本高的性状（鲁绍雄和吴常信，2000）。MAS技术为种公鸡精液品质性状的选育提供了新的思路。

MAS技术在遗传育种中的应用，前提条件是挖掘到与数量性状紧密连锁的QTL，具有较大效应且可以直接测定其基因型的QTL称为主效基因。种公鸡精液品质涉及睾丸内精子发生、精子激活等一系列复杂生理过程，受到许多基因的精密调控。随着研究的深入，已经鉴定到了与精子发生和精子活力相关的重要信号通路和基因家族，如*SPAG*基因家族、*SOX*基因家族、PI3K/Akt信号通路等。随着组学技术的发展，越来越多与精子发生及功能相关的基因被发现和验证。本章通过系统地总结精液品质相关信号通路、候选基因，以及在公鸡上鉴定到的分子标记，为推广种公鸡精液品质性状分子选育方法、加快种鸡繁殖性能遗传进展提供参考。

第一节　精子功能相关的信号通路

一、精子发生涉及的主要信号通路

精子发生是曲细精管中生精细胞增殖、分化的复杂过程，主要包括精原细胞增殖、精母细胞减数分裂和精子形成3个阶段。精子发生需要多种细胞、激素、基因和表观调节因子共同参与，各信号间的相互调控也发挥着重要作用。

1. PI3K–Akt信号通路

PI3K-Akt是细胞中一个经典的信号通路，许多研究发现其在精子发生中发挥关键作用（Sun et al.，2020）。PI3K-Akt信号通路始于受体酪氨酸激酶（RTK）和G蛋白偶联受体（GPCR）的活化，产生磷酸化的酪氨酸残基，随后激活PI3K蛋白产生磷脂，继而再激活下游的效应因子。Akt是PI3K蛋白的直接靶标，磷酸化的Akt能够激活下游多条信号通路发挥生物学作用，例如使前体凋亡蛋白BAD磷酸化，并产生短期效应以阻断细胞凋亡过程。Akt还可以通过磷酸化FOXO转录因子家族成员FOXO3A蛋白多个Ser/Thr残基，使其与细胞质中磷酸丝氨酸结合蛋白14-3-3结合而滞留在细胞质中，因而不能进入核内使凋亡基因转录，促进细胞增殖过程。在生精过程中，PI3K-Akt通过抑制细胞凋亡作用，从而促进特定生精细胞类型的形成。

2. mTOR信号通路

mTOR是PI3K相关激酶（PIKK）家族中的丝氨酸/苏氨酸蛋白激酶，形成两个不同的蛋白复合物的催化亚基，称为mTOR复合物1（mTORC1）和mTOR复合物2（mTORC2）。细胞必须增加蛋白质、脂质和核苷酸的生产以维持自身的增殖和分化，同时抑制分解代谢途径，如自噬（Deng et al.，2021）。mTORC1在调节所有这些过程中发挥着核心作用，因此在环境条件下控制合成代谢和分解代谢之间的平衡。mTORC2主要通过磷酸化AGC（PKA/PKG/PKC）蛋白激酶家族成员来控制细胞的增殖和分化过程。

mTOR通路负责整合来自营养、生长因子、能量和环境压力等外来信号对细胞的刺激，通过下游效应器，调节细胞生长、增殖、细胞周期、蛋白质合成及能量代谢过程。对多种代谢性疾病以及肿瘤发生发展起重要调控作用。在生精过程中，mTOR主要负责为精子发生提供重要的能量和蛋白支持，从而促进精子的成熟。

3. MAPK信号通路

丝裂原活化蛋白激酶（Mitogen-activated protein kinase，MAPK）是细胞表面传导到细胞核内部的重要信使，对于生精细胞增殖和分化有着重要调控作用（Roux and Blenis，2004）。MAPK是一组能被不同的细胞外刺激，如细胞因子、神经递质、激素、细胞应激及细胞黏附等激活的蛋白激酶，在所有的真核细胞中都有表达。MAPK信号通路中的多个成员都参与调节雄激素的合成，如EGFR蛋白是ERK2蛋白的上游信号分子，当受到刺激后EGFR蛋白表达被抑制，同时激活细胞膜上ERK2蛋白活性并传入核内。当细胞受到外界刺激后，应激活化激酶JNK被激活，短暂激活的JNK促进细胞增殖和分化，持续激活则会促进凋亡的表达。在生精过程中，MAPK信号通路也参与到生精细胞能量代谢及细胞凋亡的过程，促进精子的发生和成熟。

二、精子运动主要调控通路

目前关于精子活力的调控机制在医学领域研究较多。精子活力低下是男性不育的重要原因，约占所有不育男性的50%。与精子活力相关的生物学过程十分复杂。已有的研究认为，精子的运动力来源于依赖ATP酶激活的、位于精子尾部鞭毛上的动力蛋白微管间的相互滑行作用，需要一系列复杂的生理活动参与其中（Nguyen，2019）。一些重要的信号通路包括cAMP-PKA信号通路、ROS代谢以及钙信号通路与精子活力存在紧密的联系。

1. cAMP依赖的蛋白激酶A（cAMP-PKA）信号通路

环磷酸腺苷（Cyclic adenosine monophosphate，cAMP）是最早报道的细胞内信号分子，在大部分动物细胞中都有分布，其特征是单个AMP骨架中的磷酸与核糖形成3，4-环式结构。细胞内的cAMP水平受到腺苷酸环化酶（AC）调节，AC能使ATP环化形成cAMP。动物体内的AC分为两类，可溶AC（sAC）和跨膜AC（tmAC）。sAC是参与精子运动过程的主要AC。研究表明sAC基因敲除的小鼠精子失去前向运动能力，导致不育。cAMP在精子活力形成过程发挥着十分重要的作用（图5-1），精子活力的低下一般伴随着cAMP水平的下降（Buffone et al.，2014）。

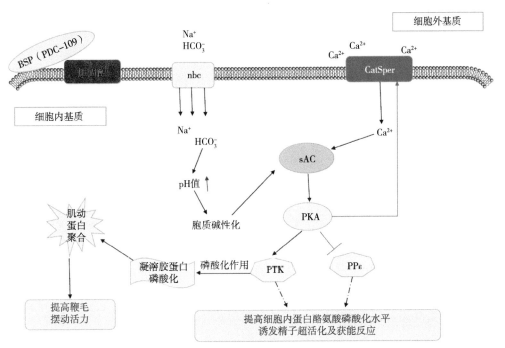

BSP: Binder of sperm protein, 精子黏合蛋白; NBC: Sodium bicarbonate cotransporter, 碳酸氢钠协同转运蛋白; CatSper: The cation channel of sper, 精子阳离子通道体; PKA: Protein kinase A, 蛋白激酶A; PTK: Protein tyrosine kinase, 蛋白酪氨酸激酶; sAC: Soluble adenylyl cyclase, 可溶性腺苷酸环化酶), PPs: Protein phosphatase, 蛋白磷酸酶。

图5-1 cAMP依赖的蛋白激酶A信号通路

已有充分的证据证实cAMP通过激活蛋白激酶A（PKA）影响精子活力。PKA是一种由两个能与cAMP结合的调节亚基和两个无活性的催化亚基构成的异四聚体蛋白激酶（Murray and Shewand，2008）。cAMP浓度升高后，cAMP与调节亚基相结合，通过改变构象来促进催化亚基的释放，从而激活PKA。PKA被定位于精子运动的主要器官——精子鞭毛的基部。研究发现小鼠成熟精子的PKA催化亚基存在一种特异性的剪切形式Cα2，该基因敲除后表现出完全不育，精子运动能力极弱。此外，PKA抑制剂比如H-89可以显著抑制精子的运动能力。

2.钙离子信号通路

Ca^{2+}作为细胞信号第二信使在精子发生、成熟以及精卵结合等过程发挥着重要的调节作用。研究表明，精子细胞中的Ca^{2+}浓度由10 nmol/L增加到100 nmol/L后，鞭毛由匀速对称摆动变成急速的非对称摆动。然而，高浓度的Ca^{2+}也会抑制精子的运动。此外，Ca^{2+}被证实参与动力蛋白微管滑行的调节。

精子细胞内的Ca^{2+}浓度主要是通过电压门控Ca^{2+}通道、Catsper通道、Na^+/Ca^{2+}交换通道等渠道调节。当细胞膜电位去极化时离子通道打开，Ca^{2+}内流，细胞内Ca^{2+}浓度升高。Ca^{2+}浓度升高后可以激活cAMP/PKA通路，从而调节精子运动。Froman（2016）报道了鸡精子细胞的Ca^{2+}处于稳态是体外维持精子活力的必要因素。还有研究发现，钙池调控的Ca^{2+}通道是鸡精子Ca^{2+}信号调控的主要通道。

第二节　精液品质相关的功能基因

一、精子发生过程相关基因

1.热休克蛋白基因家族

热休克蛋白（Heat shock protein，HSP）是一类非常保守的蛋白质，其主要功能是缓冲各种环境有害因素可能对细胞造成的不利影响。HSP70家族是一类最保守、研究最深入的HSP家族。HSP70-2是一种联会复合体结合蛋白，特异性表达于雄性生殖细胞分化的特定时期。HSP70-2蛋白在精原细胞中无表达，但在精母细胞细线期和偶线期可以检测到。目前认为HSP70-2蛋白在小鼠生精细胞中有两个主要功能，一是HSP70-2蛋白能促进细胞周期调控蛋白CDK2与Cyclin B2之间的相互作用，维持生精细胞的增殖分化；二是其作为联会复合体的"调节器"在同源染色体之间介导染色体配对、联会和减数分裂重组事件。敲除*HSP70-2*基因的小鼠精子发育停滞在减数分裂I期，大多数新产生的粗线期精母细胞发生凋亡，小鼠出现不育。因此*HSP70-2*基因在精子分化成熟中起关键作用，其缺失或失活可能会导致男性不育。在公鸡上的研究也发现*HSP70-2*基因的突变可能是影响北京油鸡精液品质的重要因素（刘伟平，2010）。

*HSP60*基因在大鼠精原细胞、初级精母细胞、支持细胞以及人睾丸组织中均可检测到表达。在精子发生中，精原细胞有丝分裂活性与*HSP60*基因表达量有明显相关性，有丝分裂时*HSP60*表达明显上调。精原细胞内*HSP60*基因在男性不育患者睾丸中表达下调，且表达越低，生精功能越差，可能与*HSP60*基因可以对精原细胞起到保护作用有关。

*HSP90*基因最早被报道在人精子中表达，并指出发生顶体反应后*HSP90*基因定位由精子颈部和尾部转变到精子核周围的赤道部。随后，有研究人员发现*HSP90*基因家族中的（*HSP83*）基因发生突变会导致不育，电镜显示突变导致精子发生不同阶段的微管蛋白均出现改变，提示*HSP90*基因除了直接参与微管的装配，还在调控精子微管信号通路方面起重要作用。

2. *SOX*基因家族

SRY相关*HMG*盒基因（Sry-related high mobility group box，*Sox*）家族是一类重要的转录因子，其保守的HMG-box能够结合特定的DNA序列。*SOX*基因家族广泛参与胚胎发育、性别决定及精子发生等过程，目前已经证实*SOX5*、*SOX9*、*SOX13*在生殖细胞的发生、分化和成熟过程发挥关键作用。

SOX5是SOX家族D亚族的重要成员（Qiu et al.，2022），广泛存在各种动物组织中。哺乳动物中包含长链（L-SOX5，6 kb）和短链（S-SOX5，2 kb）两个亚型，S-SOX5主要存在于睾丸等含有鞭毛的组织中，是精子发生的重要调控因子，在睾丸减数分裂后的生殖细胞中表达，尤其是在精细胞阶段。在减数分裂后，SOX5基因可通过调节SPAG6、SPAG16和CATSPER1等蛋白表达，进而调控精子的发生。作者团队研究发现SOX5基因在公鸡各周龄的睾丸组织中均表达，SOX5基因的表达量与生精细胞增殖分化有关，提示该基因在鸡精子发生过程发挥调控作用。

SOX9基因作为一种性别决定的关键基因，研究发现其与精子发生过程密切相关。SOX9基因通过调控睾丸间质细胞和支持细胞的增殖和分化，进而使精子的发生过程顺利进行。研究发现成年小鼠睾丸支持细胞中SOX9基因的缺失会减弱支持细胞与生精细胞之间的相互作用，造成精子生成障碍。

SOX13基因能够与淋巴增强因子结合因子（TCF/LEF）相互作用，从而抑制Wnt靶基因的表达。Wnt信号通路是正常精子发生所必需的，其通过抑制间质细胞中的SF-1/β-连环蛋白协同作用来抑制睾酮合成，因此，SOX13基因可能通过调节Wnt通路来调节类固醇合成精子相关基因。在小鼠睾丸中，SOX13基因定位于精母细胞和支持细胞中，并且随睾丸的发育表达逐步增加，提示SOX13基因可以同时通过调控生精细胞与间质细胞以促进精子生成。

3. SPATA基因家族

精子发生相关基因（Spermatogenesis related genes，SPATA）是一类参与精子发生过程的基因（La Salle et al.，2012）。目前为止，SPATA基因家族已有50个成员被报道，其中大多数基因在睾丸组织中高表达。该基因家族的功能研究主要集中在细胞凋亡和精子发生疾病的相关性方面。一些基因的突变或者缺失会影响精子发生的进程。

*SPATA2*基因主要存在于睾丸的支持细胞。敲除小鼠*SPATA2*基因发现睾丸质量变轻，生精细胞和成熟精子数量减少、形态发生改变、活力降低，说明该基因缺失对生殖细胞增殖有明显抑制作用，表明*SPATA2*基因能够促进精子发生。*SPATA4*基因主要在睾丸中精子细胞形成阶段表达，通过调控生精细胞的凋亡，参与精子发生减数分裂后期的调控。研究发现*SPATA4*基因在鸡的睾丸组织中特异性表达，且在鸡的生精过程中扮演着至关重要的角色。

*SPATA22*基因是一种编码生精细胞减数分裂期特异性蛋白的基因，*SPATA22*基因通过形成复合体，与复制蛋白RPA相互作用，在维持减数分裂同源染色体重组中间体的稳定中发挥重要功能。研究还发现，*SPATA22*基因的突变与人非梗阻性无精症相关。SPATA34蛋白具有两个重复结构模体LRR结构域，能够在细胞凋亡过程中发挥作用。有研究人员发现*SPATA34*在大鼠的睾丸中表达，通过抑制生精细胞的凋亡参与精子发生过程。

4. 其他参与精子发生调控的功能基因

无精子缺失基因家族（Deleted in azoospermia，*DAZ*）包括*DAZ*、*DAZL*和*BOULE* 3个成员，是精子发生的关键调控因子（Kee et al.，2009）。*DAZ*基因家族成员只在生殖细胞中表达，并且它们的蛋白产物均含有一个高度保守的RNA结合序列。*DAZ*基因家族的无义突变影响雄性或雌性的生殖，*DAZ*和*DAZL*基因在生殖细胞的整个生命过程中都有表达，是原始生殖细胞发育以及生殖细胞分化、成熟所必需的；*BOULE*基因仅在减数分裂期表达，具有特定的生物学功能。DAZ蛋白在体内和体外都可与RNA结合，并有可能参与了mRNA转录后的表达调控。

外源性细胞凋亡分子（*Fas*）是属于肿瘤坏死因子受体超家族的

I型跨膜蛋白。*Fas*与其配体*FasL*是调控细胞凋亡的重要系统，*Fas*与*FasL*结合后，能够激活*Fas*相关死亡域蛋白（FADD），向细胞内传递凋亡信号，启动程序性凋亡（Waring and Mullbacher，1999）。在睾丸组织中*Fas*主要定位于生精细胞，而*FasL*主要定位于支持细胞。正常情况下，精子的发生、分化和成熟过程中，*Fas*和*FasL*保持生理水平来调控精子的增殖分化，保持精子在数量、形态及功能上的正常。*Fas/FasL*系统在介导细胞凋亡、细胞增殖、维护机体平衡中发挥重要作用，但其过度表达会对精子数量和质量产生不利影响。

Basigin（BSG）属于免疫球蛋白超家族的成员，是一个高度糖基化的跨膜蛋白。Basigin蛋白在动物精子发生过程中具有重要作用。研究发现Basigin蛋白在精母细胞和精子细胞上高表达，而在支持细胞上的表达不明显，说明支持细胞质膜上的Basigin蛋白质是由精母细胞及精子细胞合成后转运过去的，提示Basigin蛋白在精子发生的特定阶段参与支持细胞和生殖细胞的相互作用。*Basigin*基因敲除小鼠多数在胚胎期死亡，成年突变小鼠则表现为少精或无精。大多数生殖细胞的发育阻滞于双线期精母细胞，一些生殖细胞虽可分化为圆形精子细胞，但最后也都凋亡脱落。

核受体辅激活蛋白1基因（*NCOA1*）是与类固醇激素受体同源的一类配体依赖性转录因子超家族中的一员，核受体辅激活蛋白通过与结合到DNA上的核受体相互作用增强转录活性，并增强雄激素受体的活性。同时核受体辅激活蛋白还能影响雄激素受体与在精细胞发育过程中起重要调控作用的环指蛋白4（RNF4）的表达与活性，从而调节动物的生长发育和繁殖等生理过程。

二、精子运动调控相关基因

1. 精子相关抗原基因家族

精子的顶体膜和其他组分中含有多种精子相关抗原蛋白（Spermassociated antigen，SPAG），涉及精子发生、精子运动、维持成熟精子结构、精卵识别以及精子膜融合等多方面的功能。已有研究发现，SPAG6、SPAG16和SPAG17蛋白对于维持精子结构和精子运动有着重要作用。

SPAG6蛋白最早在衣藻的纤毛中发现，参与纤毛形成和运动等过程。随后在动物的睾丸中也鉴定到SPAG6蛋白，并确定为一种精子鞭毛中央轴丝微管控制鞭毛运动和稳定性的重要蛋白。对*SPAG6*基因进行敲除发现小鼠精子活力显著降低、畸形率升高，多数表现为不育，说明*SPAG6*基因对维持精子鞭毛结构和运动力是必需的。在鸡上，作者团队研究发现睾丸*SPAG6*基因的表达量与精子活力呈正相关，并能受到*SOX5*基因的调控；通过对北京油鸡*SPAG6*基因多态性与精液品质和性发育相关性状进行关联分析，发现公鸡*SPAG6*基因SNP突变与其精液品质显著相关。

SPAG16是一种精子鞭毛轴丝"9+2"结构必不可少的蛋白，缺乏SPAG16蛋白可能会阻止中央微管的装配及完整性，并导致鞭毛瘫痪。通过对小鼠的研究发现，小鼠*SPAG16*基因编码两种不同的蛋白质：SPAG16L和SPAG16S。SPAG16L蛋白是轴丝中央装置的一个组件，SPAG16S蛋白为SPAG16L蛋白的WD重复区域，仅存在于雄性生殖细胞的胞核及胞质中。减数分裂时，SPAG16L蛋白被整合到鞭毛中央轴丝微管上，而SPAG16S蛋白则积聚在生殖细胞的细胞核上。当SPAG16L蛋白第11外显子缺陷时，精子尾部轴丝功能受到损害。有研究发现SPAG16S蛋白能够靶向作用于SPAG16L蛋白以影响精子结构的完整性。

*SPAG17*基因定位于精子鞭毛轴丝"9+2"结构的中央微管中，参与鞭毛生成及维持鞭毛运动。SPAG17蛋白能够与其他蛋白相互作用，最终影响依附在轴丝微管上的放射辐。*SPAG17*基因编码的富含丙氨酸和脯氨酸的多肽是调控鞭毛运动所必需的。因此，*SPAG17*基因是控制鞭毛滑动活动的近端效应器。有研究发现，当*SPAG17*基因缺失

时，*SPAG6*和*SPAG16*基因表达量也降低，由此推测*SPAG6*、*SPAG16*和*SPAG17*基因三者可能存在互作，共同影响鞭毛生成和运动。

2. 精子鞭毛结构蛋白

精子鞭毛是成熟精子的动力器官，其基于微管的轴丝结构在进化过程中高度保守。精子鞭毛结构和功能相关蛋白质的缺陷或缺失，均会导致精子运动功能障碍，进而造成动物的繁殖力下降（Miyata et al.，2020）。

减数分裂特定核结构蛋白（Meiosis-specific nuclear structural protein 1，MNS1）大量表达于减数分裂后期的精子细胞，对精子鞭毛的正常组装过程及其功能至关重要。MNS1蛋白是精子鞭毛的SDS抗性成分，并以点状分布的形式分布在精子鞭毛上。MNS缺陷型小鼠的精子鞭毛变短、动力下降，最终导致不育。研究发现，MNS1蛋白分别与*KIF3A*和*MFN2*基因共同定位于精子鞭毛，与*KIF3A*基因共表达于精子与鞭毛的主段。此外，MSN1蛋白还表达于顶体区域与环部，推断在精子鞭毛结构中起到支架作用。

KIF3A（Kinesin Ⅱ family member 3A）基因参与编码精子主要的驱动蛋白，与鞭毛内物质运输有着密不可分的关系。KIF3A蛋白表达于精母细胞胞质，精子细胞的基体、轴丝以及成熟精子鞭毛的主段。研究表明，*KIF3A*基因敲除的小鼠常表现为不育，睾丸和附睾精子生成减少，质量减轻。在早期精子细胞阶段，*KIF3A*基因敲除的小鼠超微结构即表现为轴丝异常，这主要是由基因缺失导致的基体发育异常。

*SPEF2*基因主要在含有纤毛和鞭毛的组织中表达，对于精子尾部正常发育和雄性生育能力是必不可少的。*SPEF2*基因突变可导致猪不运动短尾精子（ISTS）缺陷。组织学观察发现ISTS个体精子尾部附属结构杂乱无章，轴丝复合体受到严重损害，且多数精子尾部的中段和主段的长度减少，而头部通常表型正常。*SPEF2*基因与鞭毛内转移蛋白IFT20

共表达于精子鞭毛的颈部，对精子尾部轴丝的形成具有重要作用。

3. 调控精子活力的miRNA

随着研究的深入，非编码RNA对于精液品质的调控作用也受到了研究人员的重视。研究表明，miRNA在睾丸内的各种生殖细胞中广泛表达，在精子发生和精子运动等过程中发挥着至关重要的作用。例如，睾丸支持细胞中缺失miRNA生成必需的Dicer酶可造成细胞功能失活，睾丸缩小并表现出不育，证实了Dicer酶介导的miRNA合成通路在精子发生过程的作用。

目前已经鉴定到了一些与公鸡精子活力相关的miRNA。作者团队通过small RNA测序发现gga-miR-155在低精子活力公鸡睾丸的表达量是高精子活力个体的2.1倍（刘一帆，2018）。Eckersten等（2017）报道精液中较高水平的miR-155可能是男性精子数减少的原因之一。也有研究报道血清中的miR-155表达水平与生育结果呈负相关，并且与FSH和LH水平呈正相关。因此，miR-155可以作为一种预测男性不育的分子标记物。有报道指出miR-155水平升高是受组织损伤的影响，而组织受损也是影响繁殖力的重要因素，可以推断这种机制是精子活力与miR-155关联的原因之一。

另一个在低精子活力公鸡中显著上调的miRNA是gga-miR-146b-5p。有研究表明miR-146b能够参与细胞凋亡过程，还被证实与炎症反应过程有关。而这两个过程都是影响雄性繁殖力的重要因素，提示鸡miR-146b可能通过类似的机制参与调控精子活力。Wang等（2011）也报道了miR-146b-5p在少弱精症男性的精浆中显著上调，进一步证实了以上推测。

miRNA主要是通过与靶基因互作以发挥其生物学功能。通过生物信息学工具进行靶基因的预测，结果发现gga-miR-155和gga-miR-7480-5p可能通过靶向结合*KCNA1*和*AHI1*基因参与调控鸡精子活力。

第三节 精液品质相关的分子标记和标记辅助选择

一、标记辅助选择方法（MAS）

MAS是利用遗传标记信息、个体表型信息和系谱信息来估计育种价值，由于分子标记不受年龄、性别、环境等因素的限制，因而利用MAS可以对生产中重要的经济性状如在生长后期才表现出来的性状进行早期选种，这样大大缩短了世代间隔，加快了遗传进展，降低了育种成本。近30年来，随着分子生物学、基因工程技术的发展，MAS技术被广泛运用到畜禽育种工作中，给传统的动物育种带来了新的活力。1996年，PIC公司对育种群中携带氟烷敏感基因的个体进行了清除，使商品猪的肉质得到了明显的改善，猪只死亡率也大幅下降。1999年，Rothschild和Plastow将雌激素受体基因（*ESR*）作为产仔数的候选基因，将*ESR*基因型加入核心群母系选择指数中，不仅后代平均窝产仔数明显增加，而且使群体产仔数的遗传进展提高了近30%。

MAS依据标记基因型推断控制目标性状的基因存在与否，从而选择携带目标基因的个体或家系。因此要进行分子标记辅助选择需具备以下几个条件。一是解析并了解目标育种性状的遗传基础。分子标记辅助选择的目的是选择目标基因型，所以必须要对待选择的目标性状的遗传基础有一定的了解，获取控制目标性状的主效基因。二是开发与目标基因紧密连锁的"育种好用型"分子标记。育种分子标记的选择需要考虑分子标记的类型、可靠性、适用性。三是建立高效、可重复、低成本、高通量的分子标记基因型检测体系。MAS通常需要进行大规模的群体标记基因型分析，因而要求标记基因型检测方法具有简单、快速、准确、成本低廉、检测过程自动化的特征。随着基因芯片（DNA芯片）和二代基因组测序技术的快速发展，使标记基因型的高通量检测和自动化分析成为可能，也是未来的主要发展方向之一，但是成本和后期的数据分析是目前限制其广泛推广的主要因素。因此在实际使用中，可根据不同类型的标记特点和研究背景，选择适合度最高的分子标记用于辅助育种。

二、种公鸡精液品质相关的分子标记

1. *HSP70-2*基因

为筛选可用于精液品质MAS的分子标记，作者团队选用220只北京油鸡成年公鸡为研究对象，检测*HSP70-2*基因的多态性，并分析其多态性及基因型（组合）对精液品质性状的影响（刘伟平，2010）。进行多态性筛查发现*HSP70-2*基因序列中存在A-68G（P5）、G286C（P7）和A1054G（P8）3个SNP突变。多态位点基因型与精液品质关联分析表明，5'侧翼区P5位点AG基因型为精子活力、精子存活率、精子畸形率的不利基因型，编码区P7位点GG基因型为精子活力和精子畸形率的优势基因型，P8位点AG基因型为精液pH值和精子畸形率的不利基因型。P5、P7和P8 3个位点两两组合进行基因型与精液品质性状关联分析的结果表明，P5P7位点AGCC基因型组合和P5P8位点AGAG基因型组合为精子活力及畸形率的不利基因型。综上，*HSP70-2*基因的突变可能是影响北京油鸡精液品质的重要因素之一，剔除P5P8组合中AGAG不利基因型个体，可能提高北京油鸡的繁殖性能。

此外，喻宗岗等（2020）也对雪峰乌骨鸡公鸡的*HSP70*基因多态性与精液品质进行了关联分析。结果发现：*HSP70*基因436bp处存在G>A突变，G为优势基因型，为中度多态位点。基因多态与精液品质关联分析表明，GG基因型个体采精量和精子密度极显著高于AG型、AA型个体，且冻后活力显著高于AG型个体，极显著高于AA型个体；AG型个体采精量和精子密度极显著高于AA型个体，冻精活力差异不显著。综上，*HSP70*基因突变G/A位点与鸡冻精品质显著相关，可以作为雪峰乌骨鸡个体精液抗冻性的候选基因，基因型GG的个体精液更具抗冻性，其次为AG型个体。

2. *SPAG6*基因

作者团队通过研究北京油鸡*SPAG6*基因多态性及其单倍型与精液品质相关性状的相关性，结果发现*SPAG6*基因C29756T和T23041C位点与精液量、精子存活率和精子畸形率显著相关，T23041C位点CC基因型是高精液量-高精子存活率-低精子畸形率的优势基因型（毕瑜林，2012）。关联分析单倍型发现，*SPAG6*基因不同单倍型组合与精液量、精子畸形率显著相关：H4H4单倍型组合精液量显著高于H2H3和H3H3组，精子畸形率显著低于H2H3和H3H3等组合。H4H4单倍型组合是高精液量-高精子活力-高精子存活率-低精子畸形率的优势基因型，H2H3单倍型组合是鸡冠选育的有利单倍型组合，提示*SPAG6*基因可作为高精液品质鸡群筛选的主要候选基因。

进一步在鸡*SPAG6*基因第五内含子发现5个新的SNP位点，分别为A20353G（SN1）、T20427C（SN2）、T20497C（SN3）、T20569C（SN4）和G20587A（SN5）。与精液品质相关性状关联分析表明：SN1（SN2）位点多态性与精子畸形率显著相关；SN3位点B3B3基因型个体的精子畸形率显著低于A3A3和A3B3基因型个体，但精子存活率和精子活力显著低于杂合子A3B3基因型个体；在SN4（SN5）位点，B4B4（B5B5）型个体精液pH值和精子活力显著高于A4A4（A5A5）基因型个体，且精子畸形率显著低于A4A4（A5A5）基因型个体。单倍型与精液品质相关性状关联分析表明：H1H6单倍型组合个体精液量和精子存活率最高，精子畸形率略高于H1H1和H1H7单倍型。综上，*SPAG6*基因H1H6单倍型组合在精子畸形率和精子存活率方面为有利单倍型组合，可作为高精液品质鸡群选择的潜在分子标记。

3. *SPATA4*基因

研究发现，*SPATA4*基因C3422A位点与公鸡精子畸形率、精子密度、精液pH值、体重及睾丸重显著相关，C3422A位点的AA基因型是高体重-高睾丸重的优势基因型，A3329C位点与睾丸重显著相关。因此，*SPATA4*基因C3422A位点和A3329C位点可作为高精液品质鸡群筛选的辅助选择分子标记，以提高公鸡种用价值。

4. *NCOA1*基因

赵振华等（2010）采用PCR-SSCP技术检测优邵伯鸡父系公鸡*NCOA1*基因的SNPs并分析其与精液品质的关联性。发现*NCOA1*基因第三外显子区域10155007位点发生了T>A突变，并检测到AA、AT和TT三种基因型。AA型个体的精液量显著高于TT型个体，精子密度显著高于AT型个体。*NCOA1*基因可能是影响公鸡精液品质性状的主效基因或与控制该性状的主效基因连锁，能够作为候选基因用于精液品质的分子标记辅助选择。

种公鸡精液品质分子调控机制的思考和展望

精液品质作为评价种公鸡的繁殖能力的主要指标，对于生产效益有着重要的意义。目前已经鉴定了一系列与公鸡精液品质相关的候选基因和分子标记，但相对于人类和家畜，公鸡精液品质分子机制研究仍处于起步阶段。基因组、转录组、蛋白组等组学技术的快速发展，为公鸡精液品质调控机理研究提供了新的思路。目前相关研究已经不局限于编码蛋白质的基因，miRNA、lncRNA、piRNA等非编码RNA参与调控畜禽经济性状的作用也受到了越来越多的关注。

　　常规的畜禽育种工作主要依托于遗传学方法理论，遗传选育的进展主要决定于群体中有益突变的发生频率。而自然群体较低的突变率导致了品种选育需要相当长的时间。基因编辑技术（Gene editing）能够精准对基因组中特定的目标基因进行遗传修饰，为育种工作开辟了新的途径。随着相关研究的深入，CRISPR/Cas9技术因其设计简单、成本低廉、操作方便、效率高等优势，已经成为最主流的基因编辑技术。

　　目前，基因编辑育种已经成为世界畜禽种质资源创新的研究热点，我国也先后在猪、牛等品种中创建了基因编辑育种技术体系，创制了一批具有高繁殖性能、高生长速度和抗病特性的基因编辑育种新材料。在家禽上，由于脱靶效应、转染效率和生殖系传递效率低等问题，家禽基因编辑育种进展远远落后于大家畜。同时，因为CRISPR/Cas9技术的局限性和禽类胚胎早期发育特性，在一定程度上限制了基因编辑育种的开展。基因编辑技术在家禽育种上的应用有待进一步研究。

参考文献

毕瑜林，2012. 北京油鸡种公鸡精液品质相关候选基因的SNPs分析及转录研究[D]. 扬州：扬州大学.

刘伟平，2010. *HSP70-2*基因多态性对北京油鸡精液品质的影响及其抗热应激功能验证[D]. 扬州：扬州大学.

刘一帆，2018. 基于睾丸测序的鸡精子活力性状mRNA-miRNA-lncRNA转录调控研究[D]. 北京：中国农业大学.

鲁绍雄，吴常信，2000. 动物育种方法的回顾与展望[J]. 国外畜牧科技（1）：

24-28.

喻宗岗，蒋隽，姚亚铃，等，2020. 雪峰乌骨鸡*HSP70*基因多态性与精液品质关联分析[J]. 浙江农业学报，32（8）：1378-1384.

赵振华，黎寿丰，黄华云，等，2010. *NCOA1*基因多态性与邵伯鸡父系公鸡精液品质相关性分析[J]. 安徽农业大学学报，37（3）：445-448.

BUFFONE M G，WERTHEIMER E V，VISCONTI P E，et al.，2014. Central role of soluble adenylyl cyclase and camp in sperm physiology[J]. Biochimica et Biophysica Acta，1842（12）：2610-2620.

DENG C Y，LV M，LUO B H，et al.，2021. The role of the pi3k/akt/mtor signalling pathway in male reproduction[J]. Current Molecular Medicine，21（7）：539-548.

ECKERSTEN D，TSATSANIS C，GIWERCMAN A，et al.，2017. Microrna-155 and anti-mullerian hormone：new potential markers of subfertility in men with chronic kidney disease[J]. Nephron Extra，7（1）：33-41.

FROMAN D P，2016. Deduction of a calcium ion circuit affecting rooster sperm *in vitro*[J]. Journal of Animal Science，94（8）：3198-3205.

KEE K，ANGELES V T，FLORES M，et al.，2009. Human dazl，daz and boule genes modulate primordial germ-cell and haploid gamete formation[J]. Nature，462（7270）：222-225.

LA SALLE S，PALMER K，O'BRIEN M，et al.，2012. Spata22，a novel vertebrate-specific gene，is required for meiotic progress in mouse germ cells[J]. Biology of Reproduction，86（2）：45.

MIYATA H，MOROHOSHI A，IKAWA M，2020. Analysis of the sperm flagellar axoneme using gene-modified mice[J]. Experimental Animals，69（4）：374-381.

MURRAY A J，SHEWAN D A，2008. Epac mediates cyclic amp-dependent axon growth，guidance and regeneration[J]. Molecular and Cellular Neuroscience，38

（4）：578-588.

NGUYEN T，2019. Main signaling pathways involved in the control of fowl sperm motility[J]. Poultry Science，98（3）：1528-1538.

QIU M，LU Y，LI J，et al.，2022. Interaction of sox5 with sox9 promotes warfarin-induced aortic valve interstitial cell calcification by repressing transcriptional activation of lrp6[J]. Journal of Molecular and Cellular Cardiology，162：81-96.

ROUX P P，BLENIS J，2004. Erk and p38 mapk-activated protein kinases：a family of protein kinases with diverse biological functions[J]. Microbiology and Molecular Biology Reviews，68（2）：320-344.

SUN K，LUO J，GUO J，et al.，2020. The pi3k/akt/mtor signaling pathway in osteoarthritis：a narrative review[J]. Osteoarthritis Cartilage，28（4）：400-409.

WANG C，YANG C，CHEN X，et al.，2011. Altered profile of seminal plasma micrornas in the molecular diagnosis of male infertility[J]. Clinical Chemistry，57（12）：1722-1731.

WARING P，MULLBACHER A，1999. Cell death induced by the fas/fas ligand pathway and its role in pathology[J]. Immunology and Cell Biology，77（4）：312-317.

第六章

种公鸡精液品质的营养与环境调控因素

　　随着现代养鸡业的发展，需要种公鸡提供高质量的精液来满足人工授精的需求，而营养是保证种公鸡高繁殖力的重要因素之一。种公鸡日粮的营养要求全面、丰富和合理，过高或过低的营养水平都可能导致种公鸡繁殖性能下降。同时，种公鸡获得较高精液品质还需要微量元素和添加剂的补充。如何保证公鸡在繁殖期保持良好的生精能力，公鸡的营养供给就显得尤为重要。

种公鸡的精液品质除受饲料营养水平影响外，饲养环境包括温湿度、光照以及饲养方式等均对公鸡繁殖性能有着重要的影响。尽管动物机体可以对睾丸温度进行一定程度的调节，但在外界环境的极端作用下，精子发生仍会受到不利影响。高温环境造成的热应激会影响精子发生及精液品质，如精液量、精子活力、精子畸形率及密度等，导致种蛋受精率下降。光线可以通过下丘脑—垂体—睾丸轴，引起公鸡体内LH和FSH的浓度变化，从而调控公鸡的繁殖性能。本章节系统介绍了饲料营养和温度、光照、饲养方式等环境因素对种公鸡精液品质的调控作用，旨在为提高种鸡生产效率和相关研究提供参考。

第一节　日粮营养水平对种公鸡精液品质的影响

由于缺少种公鸡的营养标准，目前种鸡场大多将产蛋期母鸡料用于种公鸡饲养。这种饲养方式往往造成种公鸡体重过大，繁殖性能下降。日粮中的蛋白含量低、能量不足、维生素及矿物质缺乏等因素都会直接导致种公鸡精液品质的降低。维生素、微量元素、植物油、矿物质和氨基酸及其衍生物等生物活性物质可改善种公鸡精液品质。如果能通过日粮水平的调节来改善精液品质，可以提高种公鸡的利用效率、延长种公鸡的使用期限，将会给生产带来可观的效益。

一、日粮能量水平对种公鸡精液品质的影响

能量原料是饲料成分当中成本最高的部分，是一切饲料配方的基础，也是影响种公鸡正常繁殖机能的重要因素之一。研究表明，日粮能量水平对成年种公鸡体重、精液量、精子密度和受精能力有极显著的影响。自由采食的公鸡，其能量摄入一旦受到严重限制，其精液的

产量、睾丸的重量及受精率均下降。

　　已有许多研究人员研究了日粮不同能量水平对种公鸡精液品质的影响，结果发现适中水平的能量水平（11.7～11.9 MJ/kg）能够获得最佳的种公鸡繁殖性能（王竹伟等，2011；高小芳等，2010；姚会等，2010；梁远东等，2010；刘素洁等，2002；刘国华等，1994）。日粮的能量水平（10.87 MJ/kg、11.70 MJ/kg、12.54 MJ/kg）对39～50周龄的艾维茵肉用种公鸡的繁殖机能有显著影响，其中能量水平为11.70 MJ/kg的公鸡组获得了最佳的精液量、精子密度和精子活力。有研究人员设置6个能量水平（10.5 MJ/kg、10.9 MJ/kg、11.3 MJ/kg、11.7 MJ/kg、12.1 MJ/kg、12.5 MJ/kg）对32～35周龄的三黄鸡精液品质进行研究，结果发现能量水平极显著影响精液pH值、精子密度和有效精子数，能量为11.7 MJ/kg时精子密度最大，有效精子数最高。在海兰褐种公鸡研究中发现，11周龄开始饲喂11.9 MJ/kg和11.3 MJ/kg能量水平的日粮，11.9 MJ/kg组的成年时（22周龄）公鸡精子活力和精液量显著提高。作者团队前期研究结果发现，饲喂北京油鸡低能量浓度（11.30 MJ/kg）日粮时，种公鸡体重偏低，精液品质变差，而饲喂高能量浓度（12.13 MJ/kg）日粮的种公鸡虽未出现能量过剩的现象，但精液品质亦有降低。

　　综上所述，虽然上述研究所采用种公鸡日龄和品种不尽相同，但普遍发现适中的能量水平能够提高种公鸡繁殖性能。因此，在生产中适当调整日粮的能量水平是改善种公鸡生产性能的有效措施。

二、日粮蛋白质和氨基酸水平对种公鸡精液品质的影响

　　蛋白质是生命活动最重要的物质基础之一，是其他营养物质所不能代替的。当碳水化合物和脂肪不足时，蛋白质也可以在体内分解放出能量，供给畜禽需要，维持正常的生长和繁殖过程。

　　研究人员对日粮粗蛋白质含量与艾维茵肉用父母代种公鸡繁殖力

的关系进行了研究，在对种公鸡分别饲喂粗蛋白质水平为12%、14%、16%的日粮后，饲喂12%和14%粗蛋白质日粮的公鸡性成熟早，精液量多，粗蛋白质12%组的采精效率最高（刘素洁，2002）。饲喂粗蛋白质水平为13.04%组的新扬州种公鸡精液量、精子活力和精子密度明显高于11.32%和17.23%组，精子畸形率显著低于11%和17%组（张玲和王志跃，2010）。有研究结果显示精液量和精子密度受日粮中蛋白水平影响，饲喂粗蛋白质水平为12%的种公鸡平均精液量高于16%组，但精子密度却不受影响（Zhang et al.，1999）。不同研究结果的差异，可能与试验设计者设置的试验期、试验品种、饲料原料来源、季节、粗蛋白质和能量差异有关（表6-1，表6-2）。综合以上结果，适当降低蛋白水平可能有着更高的生产效益。随着低蛋白日粮技术在养殖业的逐步推广，探索低蛋白水平的种公鸡日粮配方有着重要的生产意义。

表6-1　常见的种公鸡饲料粗蛋白质水平

粗蛋白质水平（%）	品种	主要结果	参考文献
12.0～12.5	罗斯308种公鸡	受精率、孵化率和健雏率最高	李延山等（2021）
11～12	—	精液量、精子密度、精子活力最佳	孙丹彤等（2018）
12	北京油鸡	受精率、孵化率和健雏率较佳	王竹伟（2011）
16	三黄鸡	种蛋受精率、受精蛋孵化率最高	梁远东等（2010）
13	新扬州种公鸡	精液量、精子活力和精子密度最高，畸形率最低	张玲和王志跃（2010）
14	罗曼	精子密度、平均精液量和精子活力显著提高	霍淑娟和吴结革（2006）
12	A、B肉用	精液量最大	Zhang等（1999）
14	伊莎	精液量最大、精子密度和受精率最佳	李志芳（1997）
14	彼得森	受精率最佳	Fontana等（1990）
14	肉用种公鸡	精液量提高	Wilson等（1987）

表6-2 常见的种公鸡饲料能量水平

能量水平（MJ/kg）	品种	主要结果	参考文献
12.14	北京油鸡	受精率、孵化率和健雏率较佳	王竹伟（2011）
11.3 ~ 11.7	三黄鸡	精子密度最大，有效精子数最高	高小芳等（2010）
11.70 ~ 11.91	海兰褐	精子活力和精液量最高	姚会等（2010）
11.7	三黄鸡	种蛋受精率、受精蛋孵化率最高	梁远东等（2010）
11.7	艾维茵肉用	公鸡采精时间早、精液量多、采精效率最高	刘素洁等（2002）
11.3	尼克蛋用	精液量和精子密度最佳	刘国华（1994）

　　氨基酸及其衍生物对种公鸡繁殖性能和抗氧化能力同样具有重要作用。精氨酸是家禽日粮的必需氨基酸之一，L-精氨酸的添加可使种公鸡睾丸重量增加。公鸡日粮添加甜菜碱可使热应激后的精子浓度、活力和存活率，精液pH值和丙二醛含量，精浆中总蛋白、球蛋白、尿素等指标恢复正常。胍基乙酸可增加公鸡生精小管直径、睾丸重量、生精小管上皮厚度、精原细胞和间质细胞数量以及*STRA8*相关基因表达。在肉用种鸡日粮中添加胍基乙酸，精子密度、总精子数与精子存活率显著提高。左旋肉碱存在于附睾腔中，在维持精子能量平衡和成熟方面发挥着重要作用，日粮添加左旋肉碱能够显著提高精子浓度和活力。

三、日粮维生素和微量元素对种公鸡精液品质的影响

　　一些维生素的补充能够改善公鸡的精液质量和受精能力。维生素E可以保护精子免受氧化应激的损伤，增强种公鸡的精子活力、总精子数和精子存活率。在39周龄的公鸡中添加40 mg/kg和160 mg/kg维生素E均

可提高精液质量，尤其是精子活力和活率。在日粮中添加300 mg/kg维生素C和200 mg/kg维生素E可缓解氧化应激，且精子活力和活率显著提升，精浆丙二醛含量降低。此外，在日粮中添加维生素A可以缓解在热带饲养种公鸡繁殖力下降的现象。

硒是调节动物正常生长和繁殖所必需的营养活性物质，具有抗炎、抗病毒、抗氧化、维持精子结构与功能、调节生殖细胞凋亡等功能。日粮添加纳米硒时，睾丸精原干细胞、精子活力、精子膜完整率和总抗氧化能力升高，精液丙二醛浓度降低。日粮添加亚硒酸钠时，公鸡精子发生过程中睾丸生殖细胞凋亡数显著降低。

四、其他饲料添加剂对种公鸡精液品质的影响

丁酸钠作为一种新型的家禽饲料添加剂因其独特的营养生理特性，在体内迅速吸收、参与代谢及无环境污染等特点，已广泛应用于替代饲料中的抗生素。在饲料中添加丁酸钠可以通过提高公鸡的抗氧化能力和睾酮的分泌来促进睾丸生长。在种公鸡日粮中添加500 mg/kg丁酸钠，发现睾酮水平、精液量、精子活力和密度显著提高，精子畸形率显著降低（Alhaj et al.，2018）。

辅酶Q10是真核细胞线粒体中电子传递链和有氧呼吸的重要参与物质之一，在能量代谢中发挥重要作用，位于精子中段线粒体中。日粮中添加辅酶Q10后，显著提高了公鸡精液量、精子密度、精子膜功能与完整性、睾酮浓度以及总抗氧化能力，降低了精浆天冬氨酸转氨酶和丙氨酸转氨酶活性（Sharideh et al.，2020）。

迷迭香叶粉富含多种生物活性物质，如黄酮、多酚及萜类等，其抗氧化能力主要与迷迭香醇、异迷迭香醇和迷迭香酸等成分有关。日粮中添加5 g/kg迷迭香叶粉可显著提高种公鸡的精子密度、精液量、精子活力和精子存活率，降低精子丙二醛水平，种蛋受精率得到明显改善（Teymouri et al.，2020）。

橄榄油含有大量的单不饱和、多不饱和脂肪酸以及植物甾醇等。橄榄油可以改善精子中各脂肪酸比例，促进精子的生成。研究表明，公鸡每天补充0.4 mL橄榄油，4周后，精子密度、精子存活率和精子活力得到显著提升（Kacel and Iguer-oudada，2018）。

亚麻籽油含有近50%的α-亚麻酸，可通过延长与去饱和交替步骤转化为二十碳五烯酸和二十二碳六烯酸（DHA）。DHA与精子膜完整性、精子活力和精子存活率呈正相关。在日粮中添加2%～4%亚麻籽油（Qi et al.，2019），可显著提高种鸡的精液量、精子密度、活率和活力；提高血浆促卵泡激素、黄体生成素和睾酮水平；提高类固醇合成调节蛋白、胆固醇侧链裂解酶与固醇生成因子的基因表达量。

姜黄素是姜黄的主要生物活性成分，是一种天然的抗氧化剂，可通过清除超氧阴离子和羟基自由基来抑制脂质过氧化。在48周龄公鸡日粮中添加姜黄素，精子密度、总精子数、精子活力、精子膜完整性和受精率均呈线性增加，精液丙二醛浓度和畸形率显著降低（Kazemizadeh et al.，2019）。在热应激条件下补充姜黄素3～4周后，精子存活率显著提高（Yan et al.，2017），表明姜黄素可以通过抗氧化作用提升种公鸡精液品质。

大豆异黄酮在结构和功能上与天然雌激素相似，因而可作为弱激动剂/拮抗剂与天然雌激素竞争。在10～19周龄公鸡日粮中添加5 mg/kg的大豆异黄酮可显著提高睾丸指数和血清生殖激素水平以及StAR mRNA水平，促进精原细胞发育和增加生殖细胞数，从而对公鸡的繁殖力起到正向调节作用（Heng et al.，2017）。

白杨素是一种天然存在的多酚化合物，除了抗氧化作用，白杨素还可提高睾酮水平。白杨素通过提高睾丸超氧化物歧化酶、过氧化氢酶、谷胱甘肽过氧化物酶水平，进而提高总精子数和精子活力。在40周龄公鸡日粮中添加白杨素发现，精子活力、精子存活率、精子膜完整性和功能性、精子密度、受精率和孵化率均显著提高（Altawash et al.，2017）。

与种公鸡精液品质相关的饲料添加剂及其作用机理如表6-3所示。

表6-3　与种公鸡精液品质相关的饲料添加剂

饲料添加剂	用量	作用机理
鱼油	20 g/kg	提高线粒体活性和抗氧化性
亚麻籽油	20 g/kg	促进睾酮合成
维生素E	100~200 mg/kg	增强线粒体功能和繁殖器官发育，提高精子膜完整性
硒	0.3~0.5 mg/kg	减少生殖细胞凋亡的诱导
D-天门冬氨酸	100 mg/kg，200 mg/kg，300 mg/kg	增强睾丸的发育，抑制精子的脂质过氧化
左旋肉碱	125~150 mg/kg	刺激抗氧化剂酶，抑制脂质过氧化，避免氧化损伤
胍基乙酸	1.2 g/kg	增加支持和精原细胞的数量及输精管上皮细胞厚度
L-精氨酸	14%	维持睾丸的重量以及睾酮的产生，修复睾丸的功能
辅酶Q10	300 mg/kg	增强睾丸组织的维持和抗氧化能力
益生菌	—	改善肠道形态、抗氧化能力和降低致病菌丰度
姜黄	30 mg/（只·d）	提高抗氧化能力
生姜	15 g/kg	提高抗氧化能力
斑蝥黄素	6 mg/kg	提高抗氧化能力
白杨素	50 mg/（只·d）	提高抗氧化能力
迷迭香叶	5 g/kg	提高抗氧化能力

第二节 环境对种公鸡精液品质的影响

种公鸡的繁殖性能受多种因素的影响，除了营养之外，环境因素也发挥着关键的作用。种公鸡饲养管理需要严格地控制养殖环境，包括温度、光照等。

一、温度对种公鸡精液品质的影响

随着现代畜牧业生产的规模化和集约化，禽类经常受到应激源的影响，如禁食、运输和暴露在高或低的环境温度下，严重影响其生产和繁殖性能。

高温作为一种重要的应激源，会导致公鸡繁殖性能显著下降。热应激可降低精液质量和穿透卵泡周膜的精子数量，同时应激可能会增强精浆和成熟精子膜中的脂质过氧化，从而抑制精子数量。温度变化对精子活力的影响显著，主要是由于在应激状态下，附睾内精子的呼吸作用增强，消耗大量的代谢基质，导致精子排出后，活力已大大降低。热应激环境下，公鸡精子的畸形率与常温对照组相比显著升高。另外，高温应激状态下，动物的热调节能力失去作用，使睾丸的生精机能受到较大损害，抑制了精子的发生，造成了热应激状态下精子密度严重下降。在高温环境下精子或精浆内生化会发生变化，包括钙、钠、钾和镁离子、蛋白质浓度和pH值，进而影响精子的生化活性。

随着热应激蛋白（HSPs）研究的深入，关于畜禽热应激的研究有了新的切入点。热应激蛋白，又称热休克蛋白，是机体在应激情况下产生的一类生物进化上高度保守的蛋白质。作者团队研究热应激对 *HSP70-2* 不同基因型与北京油鸡公鸡精液品质性状的关联发现，*HSP70-2* 不同基因型在精液品质相关性状上差异显著，表明 *HSP70-2* 基因的突变可能是影响精液品质的重要因素之一。因此，HSPs可以作为衡量公鸡热应激程度的指标之一。

当成年种公鸡鸡舍温度达到27℃，鸡群就会产生热应激，特别是在湿度较大时热应激更大，严重抑制鸡体代谢和采食行为。由于采食量减少，摄入营养不足，导致公鸡繁殖性能下降。可以通过开启水帘缓解热应激的影响。另外，日粮中适当添加抗热应激添加剂也可以缓解鸡的热应激，提高其生产性能。常见的抗热应激添加剂主要有维生素、微量元素、电解质和中草药等。研究表明在热应激状态下日粮中添加中草药提取物、酵母铬、维生素C、维生素E可以有效增加公鸡的精液量、精子活力、精子密度与受精率，明显降低高温热应激状态下种公鸡精子畸形率。

综上所述，热应激对种公鸡繁殖机能的影响是因为高温环境直接导致动物的体温升高，引起睾丸温度升高，使精子的成熟和储存受到影响，精液量和成分发生变化，造成精液品质下降。目前，为了缓解热应激，减少给畜牧生产造成损失，可以加强饲养管理、调整营养结构及添加抗热应激添加剂等措施进行改善。但是不同抗热应激添加剂在最佳作用时间上存在差异，在添加过程中要充分考虑添加时间和添加剂量，避免由于过量添加所造成的机体伤害。此外，不同种类添加剂之间搭配使用是否能达到更好的抗热应激效果，也是值得关注的问题。

二、光照对种公鸡精液品质的影响

家禽的繁殖活动受神经内分泌的调控，尤其是下丘脑—垂体—性腺轴。光线可以通过刺激眼球，作用于视网膜感受器产生光信号传递至下丘脑，进而作用于下丘脑—垂体—性腺轴，引起家禽体内LH和FSH浓度变化，影响家禽生殖系统发育。光信号以周期变化、光照强度和光波长等属性被动物的光感受器所感知，并转变成生物学信号，调节动物的生理和行为。禽类对光照敏感，在自然条件下，禽类要达到性成熟并获得繁殖能力，须以大自然的日照长度和强度刺激这一客观条件的变化为前提。

随着种鸡精细化管理技术的发展，种公鸡普遍采用单笼饲养，光照对种公鸡繁殖性能的影响也逐渐受到重视。种公鸡的性成熟时间在实际生产中具有重要的意义，研究发现光照刺激时间和光照节律对公鸡性成熟和精液品质均有显著影响。种公鸡分别在8周龄、11周龄、14周龄、17周龄、21周龄和23周龄光照刺激后，各处理组性成熟时间无显著差异，第一次产生精液的时间均在164～172日龄；14周龄后，不同处理组公鸡随着光照刺激的推迟，性腺发育也推迟，与母鸡中观察到的趋势相似。肉用种公鸡在育成期每天接受4 h或8 h恒定光照，其性成熟最快，睾丸重和精液量也优于其他处理组（Lewis and Gous，2006）。4 h恒定光照会延迟种公鸡性成熟，但对精液量和精子密度无显著影响（Yalcin et al.，1993）。作者团队研究发现，黄羽肉种鸡在先减后增的变程光照节律下饲养，其睾丸重、鸡冠大小和睾酮水平都显著高于连续光照和间歇光照节律组（Shi et al.，2019）。因此，育成期恒定短光照是保证鸡对光照刺激具有良好反应能力的基础。史艳涛等（2021）研究发现，光照强度为50 lx的种公鸡的平均采精量显著高于对照组，精子活力、精子密度也显著升高。

光色对种公鸡繁殖力也有一定影响。王小双（2014）研究不同光色对种公鸡繁殖性状的影响，结果表明白光、黄光下的种公鸡睾丸发育早于蓝光、绿光，且睾丸比重较大，绿光组在生长后期睾丸比重增大。光色能够影响公鸡血液睾酮浓度进而影响公鸡的生长和繁殖性能，其中蓝光、绿光色对睾酮浓度的影响效果最好。实际生产中，种用公母鸡一般均同舍饲养，采用相同光照制度，以至于公鸡繁殖性能的光调控机制和应用研究相对较少。随着人工授精、精液稀释和存储以及种公鸡隔代利用等技术的应用和发展，有必要对公鸡的光照调控机制和相关技术开展系统性研究。

第三节　其他饲养管理手段对种公鸡精液品质的影响

　　种鸡的饲养方式主要有本交笼、大方笼及单笼饲养。本交笼饲养方式将公母鸡按一定比例混合饲养在一定面积的特殊笼具中，利用鸡只本能自然交配取代繁重的人工授精，已经发展成为一种新型的种鸡生产系统。本交笼饲养公鸡的精液量、精子密度及精子存活率显著高于单笼饲养和大方笼饲养；种蛋受精率要低于单笼饲养与大方笼饲养，但本交笼饲养公鸡的受精种蛋孵化率及健雏率要高于单笼饲养。与单笼生产系统相比，本交笼生产系统也有不足，比如啄癖严重，后期母鸡产蛋率低、死亡率高，因公母鸡混合饲养，公鸡受到一定限制等。有研究表明平养模式下公鸡体重显著降低，而过低的公鸡体重可能影响繁殖性能。目前，大部分国家均采用传统的种鸡单笼饲养模式，利用人工授精进行种鸡的生产繁殖。单笼单养组公鸡的精液量与精子密度均显著高于单笼双养组公鸡，说明较大的活动空间对精液品质有正向影响。

　　许多鸡场对育成期种公鸡的管理不够重视，往往到配种发现精液品质不能满足需要时，才盲目地添加大量的蛋白质饲料，如加喂鸡蛋、奶粉、鱼粉等。但结果却适得其反，不但造成浪费，公鸡喂过量的蛋白质还会造成公鸡血液中酮体急剧增加，酸中毒现象明显升高，并破坏钙、磷代谢出现软骨病以及"痛风"等症状，反而降低了精液品质。因此，有必要对种公鸡的饲养管理进行综合考虑。

种公鸡精液品质的营养与环境调控研究的思考和展望

营养均衡和环境适宜是影响种公鸡繁殖性能的关键因素。应当把能量和蛋白互作效应作为进一步的研究方向，开展种公鸡低蛋白日粮研究，以优化种公鸡日粮配方。随着畜牧业和饲料工业的发展，饲料添加剂已经进入了新的发展阶段，但日粮中营养物质在动物体内作用机理尚未完全阐明。未来在探究现有日粮添加剂的最佳用量基础上，应挖掘更多能够提高种公鸡繁殖性能的添加剂。与此同时，在今后的试验研究中可应用蛋白组、转录组和代谢组等组学技术，更进一步地阐明日粮添加物质调节种公鸡繁殖性能的作用机制。加强饲养管理、调整营养结构及添加抗热应激添加剂等，将环境与营养相结合，进一步提高种公鸡的繁殖性能。

参考文献

高小芳，韦海荣，梁远东，等，2010. 日粮能量水平对三黄种公鸡精液品质和某些生化指标的影响[J]. 广西畜牧兽医，26（3）：134-136.

霍淑娟，吴结革，2006. 饲粮不同粗蛋白水平对罗曼种公鸡精液品质的影响[J]. 畜禽业，22：22-23.

李延山，刘再胜，李东全，等，2021. 不同粗蛋白水平对平养白羽肉种公鸡繁殖性能的影响[J]. 现代畜牧兽医，11：23-26.

李志芳，1997. 饲料中粗蛋白水平与钙含量对父母代种公鸡精液质量及受精率的影响[J]. 禽业科技，11：23-24.

梁远东，高小芳，韦海荣，等，2010. 日粮粗蛋白水平对广西三黄鸡种公鸡繁殖性能及精液品质的影响[C]//第二届中国黄羽肉鸡行业发展大会会刊. 南宁.

刘国华，尤卉君，刘传业，1994. 日粮能量蛋白水平对蛋用种公鸡繁殖性能的影响[J]. 沈阳农业大学学报（2）：199-203.

刘素洁，孙长勉，孙可兵，等，2002. 日粮能量蛋白水平对肉用型种公鸡繁殖性能的影响[J]. 饲料工业，5：29-31.

史艳涛，张开心，渠娜，等，2021. 不同光照强度对"WOD168"父母代肉种公鸡生长与繁殖性能的影响[J]. 黑龙江畜牧兽医，17：5.

孙丹彤，杨光，刘娇，等，2018. 营养因素对种公鸡繁殖性能影响的研究进展[J]. 中国畜禽种业，14（11）：164-166.

王小双，2014. 不同LED光色下繁育的二代种用与肉用三黄鸡生产性能比较[D]. 杭州：浙江大学.

王竹伟，2011. 能蛋水平对北京油鸡后期繁殖性能的影响及睾丸基因表达谱的建立[D]. 兰州：甘肃农业大学.

王竹伟，陈继兰，胡娟，等，2011. 日粮能量、蛋白质水平对种公鸡繁殖性能的影响[J]. 中国农业大学学报，16（5）：96-103.

姚会，王晓霞，沙尔山，等，2010. 能量水平对海兰褐种公鸡生长发育及精液品质的影响[J]. 北京农学院学报，25（2）：33-36.

张玲，王志跃，2010. 不同粗蛋白水平日粮对种公鸡繁殖性能的影响[J]. 家禽科学，1：7-11.

ALHAJ H W，LI Z J，SHAN T P，et al.，2018. Effects of dietary sodium butyrate on reproduction in adult breeder roosters[J]. Animal Reproduction Science，196：111-119.

ALTAWASH A S A，SHAHNEH A Z，MORAVEJ H，et al.，2017. Chrysin-induced sperm parameters and fatty acid profile changes improve reproductive performance of roosters[J]. Theriogenology，104：72-79.

FONTANA E A，WEAVER W D J R，VAN KREY H P，1990. Effects of various

feeding regimens on reproduction in broiler-breeder males[J]. Poultry Science，69
（2）：209-216.

HENG D，ZHANG T，TIAN Y，et al.，2017. Effects of dietary soybean isoflavones
（SI）on reproduction in the young breeder rooster[J]. Animal Reproduction
Science，177：124-131.

KACEL A，IGUER-OUADA M，2018. Effects of olive oil dietary supplementation
on sperm quality and seminal biochemical parameters in rooster[J]. Journal of
Animal Physiology and Animal Nutrition，102（6）：1608-1614.

KAZEMIZADEH A，SHAHNEHA Z，ZEINOALDINI S，et al.，2019. Effects of
dietary curcumin supplementation on seminal quality indices and fertility rate in
broiler breeder roosters[J]. British Poultry Science，60（3）：256-264.

LAVRANOS G，BALLA M，TZORTZOPOULOU A，et al.，2012. Investigating
ROS sources in male infertility：a common end for numerous pathways[J].
Reproductive Toxicology，34（3）：298-307.

LEWIS P D，GOUS R M，2006. Effect of final photoperiod and twenty-week body
weight on sexual maturity and early egg production in broiler breeders[J]. Poultry
Science，85（3）：377-383.

QI X L，SHANG M Y，CHEN C，et al.，2019. Dietary supplementation with
linseed oil improves semen quality，reproductive hormone，gene and protein
expression related to testosterone synthesis in aging layer breeder roosters[J].
Theriogenology，131：9-15.

SHARIDEH H，ZEINOALDINI S，ZHANDI M，et al.，2020. Use of supplemental
dietary coenzyme Q10 to improve testicular function and fertilization capacity in
aged broiler breeder roosters[J]. Theriogenology，142：355-362.

SHI L，SUN Y，XU H，et al.，2019. Effect of age at photostimulation on
reproductive performance of Beijing-You Chicken breeders[J]. Poultry Science，98
（10）：4522-4529.

SIOPES T D, 1984. The effect of high and low intensity cool-white fluorescent lighting on the reproductive performance of turkey breeder hens[J]. Poultry Science, 63（5）：920–926.

TEYMOURI Z Z, SHARIATMADARI F, SHARAFI M, et al., 2020. Amelioration effects of n-3, n-6 sources of fatty acids and rosemary leaves powder on the semen parameters, reproductive hormones, and fatty acid analysis of sperm in aged Ross broiler breeder roosters[J]. Poultry Science, 99（2）：708–718.

WILSON J L, MCDAIEL G R, SUTTON CD, et al., 1987. Semen and carcass evaluation of broiler breeder males fed low protein diets[J]. Poultry Science, 66（9）：1535–1540.

YALCIN S, MCDANIEL G R, WONGVALLE J, 1993. Effect of preproduction lighting regimes on reproductive performance of broiler breeders[J]. Journal of Applied Poultry Research, 62（10）：1949–1953.

YAN W J, KANNO C, OSHIMA E, et al., 2017. Enhancement of sperm motility and viability by turmeric by-product dietary supplementation in roosters[J]. Animal Reproduction Science, 185：195–204.

ZHANG X, BERRY W D, MCDAIEL G R, et al., 1999. Body weight and semen production of broiler breeder males as influenced by crude protein levels and feeding regimens during rearing[J]. Poultry Science, 78（2）：190–196.

第七章 种公鸡精液的体外保存及影响因素

　　随着家禽业规模化和集约化程度快速发展，对鸡人工授精的需求也越来越大。与其他家畜的人工授精相比，鸡人工授精的频次远远高于其他动物。我国目前存栏种母鸡约40亿只，平均每只种母鸡每5天就要进行一次授精，一年要73次，如此庞大的授精工作量对种公鸡存栏也有着巨大的需求。通过对精液进行稀释，一方面可以直接增加可用于输精的精液量，提高配种公母鸡比例，提高种公鸡的利用率，降低饲养成本；另一方面精液稀释后能够进行短期甚至长期的保存，便于运输，为异地人工授精的实现提供了可能。

生产实际应用的精液保存方法主要有冷冻保存（-196～-79℃）、低温保存（0～5℃）和常温保存。冷冻保存可以使精液活力保存更久，是动物繁育技术的关键技术之一。精液冷冻技术对于家禽生产发展和优良种质资源保护至关重要。稳定、高效的鸡精液冷冻保存可以大幅降低种公鸡饲养成本，加快育种进展。利用精液冷冻技术还可以建立遗传资源库，保护濒临灭绝的地方特色品种。

目前，鸡精液稀释以及低温保存技术已经趋于成熟，但精液冷冻技术仍处于研究阶段，未能在生产中应用。精子抗冻性可能是影响冷冻保存技术的根本原因，一些研究人员已经为此进行了积极探索。还需要结合鸡精液特点和精子结构，优化冷冻体系，建立一套兼具受精率和稳定性的冷冻保存程序，为该技术在育种生产和地方资源保护中的应用提供技术保障。本章系统整理了国内外关于鸡精液稀释技术、冷冻保存技术以及相关影响因素的研究进展，并对精子抗冻性最新的研究成果进行了介绍。

第一节　鸡精液稀释和低温保存

公鸡精液量少，密度高，在人工输精过程中，随着精子暴露时间的延长，精子会发生凝集，降低精子质量。精液稀释液不仅要满足增加精液体积、降低密度的需求，还要达到为精子体外供能、抑菌、维持精子必要的生理活动的目的。因此，配制精液稀释液必须从原精液的生理特点出发，在其酸碱度、渗透压、缓冲能力和离子浓度等方面进行考虑。

精液稀释液的配制要适合精液低温保存的要求。低温保存（0～5℃）的温度处于常温保存（15～25℃）和冷冻保存（-196～

-79℃）之间，可抑制精子的代谢活动，延长精子受精时间，适合精液的短期保存和运输。低温保存精液可以一定程度地降低精子的代谢速率，但是较冷冻保存而言，其代谢速率仍较高。随着低温保存时间的延长，活精子的数量越来越少，畸形精子数不断增加。精液稀释后的低温保存效果明显优于未稀释的精液。

一、鸡精液稀释液的主要成分

鸡精子密度远高于其他哺乳类动物，理想的稀释液应该能够为精子细胞的新陈代谢提供能量，维持pH值和渗透压，抑制有害物质积累，并能够维持细胞的活力和功能。当前领域应用较多的稀释液中所包含的成分十分丰富，发挥的功能也是各不相同。

鸡精液的主要成分包括果糖、葡萄糖、游离氨基酸以及无机盐等。为满足精子的生理需要，精液稀释液一般也采取与精液类似的组分。精液稀释剂主要由营养剂、保护剂以及营养性添加剂三类成分组成。其中，营养剂通常为果糖、葡萄糖等单糖，以及卵黄类物质和奶粉。保护剂主要为维持精液pH值的缓冲剂、防止冷休克等物质以及抗菌类物质。其他营养性添加剂如酶类、激素类、维生素等可能具有促进顶体反应和提高精卵结合能力的物质。

许多研究人员已经对适合鸡精液的稀释液配方进行了深入研究。1960年，Lake提出谷氨酸是鸡精浆中最主要的阴离子成分，并通过后续试验发现以钠和镁的谷氨酸盐等为主要成分的稀释液可以增加精子保存时间，首次制备出与公鸡精液化学性质类似的稀释液，即雷克（Lake）液。1974年，Sexton提出了精子在体外能量代谢主要通过糖酵解供能，并指出果糖在代谢过程中优于己糖类，随后制备出以磷酸盐为主要成分的稀释液，命名为BPSE（Beltsville poultry semen extender）稀释液。随着研究的深入，果糖、谷氨酸、磷酸钾、葡萄糖、卵黄等物质在精液稀释中的作用逐步被明确，越来越多的鸡精液稀释剂得以出现。中国农业科学院北京畜牧兽医研究所研制了北京家禽精液稀释液（BJJX），主要成分为葡萄糖、柠檬酸钠及磷酸盐。湖南省畜牧兽医研究所也利用果糖、谷氨酸钠、番茄红素等，研制了鸡YHFB稀释液。目前常用的鸡精液稀释剂配方如表7-1所示。

表7-1　目前常用的鸡精液稀释剂配方

配方	BJJX 稀释液	LR 稀释液	雷克 (Lake)	BPSE 稀释液	Sasaki 稀释液	纳比 (Nabi)	贝兹威尔 (Beltsville)
谷氨酸钠（g）	—	1.92	1.92	0.867	1.20	0.867	0.861
乙酸镁（g）	—	0.08			0.08		
乙酸钾（g）	—	0.50		0.259	0.30		
葡萄糖（g）	1.40	0.80			0.20		
果糖（g）	—	—	1	0.50	—	0.50	0.50
甘露糖（g）	—	—			3.80		
聚乙烯吡啶酮（g）	—	0.30					
醋酸钠（g）	—	—	0.815		—	0.32	1.43
柠檬酸钠（g）	1.40						
柠檬酸钾（g）	—		0.128	0.606	0.05	0.064	0.064
氯化镁（g）	—		0.068			0.034	0.034
磷酸氢二钾（g）	—			0.969		0.759	1.27
磷酸二氢钾（g）	0.36			0.065		0.07	0.006
磷酸氢二钠（g）	2.40						
双（2-羟甲基）氨基-三（羟甲基）甲烷Bis（g）					0.40	—	
三羟甲基甲胺基乙磺酸（g）	—	—	—		0.40	0.32	0.19
水（mL）	100	100	100	100	100	100	100
渗透压（mOsm/kg）	—	343	333	330	415	310	330
pH值	—	7.0	7.0	7.3	7.2	7.4	7.5

二、影响鸡精液稀释效果的因素

1. pH值

精子是一种代谢旺盛的生殖细胞，在代谢过程中能不断产生一些弱有机酸，pH值也随之改变。精子代谢过程涉及很多功能酶，一旦环境中pH值发生变化，酶的活性就会受到抑制，精子活力丧失，受精能力下降。只有使精子处于相对稳定的、pH值适宜的环境中，其代谢才能正常进行。精液稀释剂的pH值和缓冲体系对于稀释和保存效果有着非常重要的意义。

未经稀释的在室温保存下的鸡精液pH值随保存时间不断变化，范围7.0～7.6。大量研究表明pH值为6.0～8.0的精液稀释液中鸡精子有着较高的受精能力。但由于品种、稀释剂配方、保存条件等因素不同，鸡精子对环境的pH值要求就不同。因此鸡精液稀释液的pH值标准并不能一概而论。

2. 渗透压

渗透压是精液稀释液的另一个重要参数。理论上，稀释液需要拥有与原精液相同的渗透压，才能保证精子的存活。鸡精液的渗透压值为347 mOsm/kg，通过试验发现精液稀释液的渗透压在352～362 mOsm/kg时，最适合精液稀释。稀释液过高或过低的渗透压都会降低精子的生命力。

3. 稀释比例

精液稀释液的稀释比例对精子保存效果有着重要影响，尤其是在低温条件保存下，如果稀释比例不当，可能造成精子活力下降，影响输精效果。研究发现，稀释后的精液耗氧量明显增加，精子代谢效率加快，这可能是由于精子内环境的抑制代谢成分被稀释。因此，精液的稀释比例也与机体内外缓冲物质、pH值以及渗透压有关系。作者团队研究发现，精液与稀释液进行1:1稀释较1:2稀释后效果更好，且精液稀释后受精率均显著高于原精液。在相同保存时间下，随着稀释比例的升高，精子活力和种蛋受精率均有下降趋势，1:2稀释精液4℃保存可获得较好的精液保存和人工授精效果。由此可见，稀释液比例对精液保存效果有着明显影响，但不同稀释液的最优稀释比例并不相同。

4. 稀释液温度

在精液稀释前应当对稀释剂进行预热，否则会由于温差太大造成对精子的损伤。新鲜采集的鸡精液温度在31.4~35.0℃。研究发现，相比于38℃预热，33℃预热的稀释精液获得的精子活力和受精率结果更好。利用贴近皮肤的口袋体温预热，获得的预热稀释液与原精液的温差在2℃左右，与水浴预热相比精子活力和孵化率均无显著差异。因此，通过体温代替水浴预热稀释液是一种可行的简化方案。

5. 去精浆

由于精浆中存在的一些酶类可能与稀释液成分反应，释放对精子有毒害作用的物质，因此可以考虑在精液稀释前去除精浆。但也有研究报道去精浆过程的离心可能对精子结构造成一定损伤，影响精子活力。作者团队研究发现，利用BPSE替代北京油鸡精浆后低温保存24 h，精子活力和种蛋受精率都与鲜精液接近。在长期低温保存时，去除精浆有利于提升精液质量，但在生产实际应用中还需要进一步研究。

第二节　鸡精液冷冻保存技术

精液冷冻（Semen cryopreservation）是指新鲜精液经过程序化处理后，在液氮或者其他冷源的辅助下迅速凝结的技术，精液冷冻使精子的生命活动被抑制从而实现长期保存的目的。近年来，精液冷冻保存技术在家畜生产中快速发展，以奶牛精液冷冻保存技术最为成熟且应用最为广泛，而猪、绵羊、马、鸡的精液冷冻保存技术尚未广泛应用，但也取得了一定进展。

鸡精液冷冻研究始于1941年，Shaffner等首次报道鸡精液在冷冻处理（−6℃）下仍能存在受精能力，并成功孵化获得一只雏鸡。在1951年，Polge团队意外发现甘油对超低温冷冻的精液（−79℃）具有明显的保护作用。随后鸡精液冷冻技术的研究得到了较快的发展，已有研究报道液氮中冷冻保存18年的鸡精液仍然具有受精能力。

鸡精液冷冻保存技术体系包括精液的采集、稀释液的添加、精液平衡、精液冷冻、解冻和输精，目前正在探索与完善中。尽管较多国家已陆续开发家禽精液的冷冻保存方法，但是技术的成熟度和稳定性差。与新鲜精液90%以上的受精率相比，鸡冷冻精液的受精率仅为55%左右，存在较大的发展空间。与猪、牛等家畜精子相比，鸡精子头部更细长、尾部更长，在冷冻和解冻过程中更容易受到损伤甚至断裂，导致受精率低下。目前鸡精液冷冻保存技术尚不能有效应用于生产实践。多年来研究人员进行了一系列研究以探索最佳冷冻条件，发现精液稀释方法、冷冻保护剂、降温速度、冻存剂型及解冻温度等均是影响冷冻效果的重要因素（表7-2）。

表7-2　鸡精液冷冻保存研究结果

冷冻保护剂	品系	周龄	精液稀释液	抗氧化剂	解冻后活力（%）	受精率（%）	参考文献
2%甘油	白来航	30	贝兹威尔（Beltsville）	—	43.1	49.5	Shahverd等（2015）
3%甘油	罗斯	32	贝兹威尔（Beltsville）	槲皮素	61.6	64.2	Siari等（2021）
3%甘油	—	52	贝兹威尔（Beltsville）	白藜芦醇	60.9	—	Rezaie等（2021）

（续表）

冷冻保护剂	品系	周龄	精液稀释液	抗氧化剂	解冻后活力（%）	受精率（%）	参考文献
3%甘油	罗斯	30	雷克（Lake）	谷胱甘肽	58.5	63.8	Masoudi等（2019）
3%甘油	罗斯	30	雷克（Lake）	辅酶Q	55.1	62.7	Masoudi等（2018）
3%甘油	罗斯	30	贝兹威尔（Beltsville）	维生素C / 维生素E	73.5 / 74.6	—	Amini等（2015a）
3%甘油	罗斯	—	纳比（Nabi）	—	65.4	73.1	Nabi等（2016）
3%甘油	罗斯	32	贝兹威尔（Beltsville）	左卡尼汀	69.1	—	Fattah等（2016）
3%甘油	罗斯	24	贝兹威尔（Beltsville）	透明质酸	55.3	65.5	Lotfi等（2017）
3.8%甘油	罗斯	30	雷克（Lake）	γ-谷维素纳米颗粒	71.7	71.0	Najafi等（2020）
3.8%甘油	罗斯	30	贝兹威尔（Beltsville）	藏红花素 / 柚苷配基	74.4 / 71.2	73.1 / 74.1	Mehdipour等（2020）
3.8%甘油	罗斯	30	贝兹威尔（Beltsville）	槲皮素	67.5	61.8	Najafi等（2020a）
3.8%甘油	罗斯	28	贝兹威尔（Beltsville）	白藜芦醇	73.0	—	Najafi等（2019a）
3.8%甘油	罗斯	30	贝兹威尔（Beltsville）	鞣花酸	71.3	—	Najafi等（2019b）
5%甘油	北京油鸡	52	雷克（Lake）	—	37.4	48.7	Zong等（2022）
5%甘油	罗斯	35	雷克（Lake）	—	61.8	60.4	Yousefi等（2021）
6%甘油	黑凤鸡	40	ABC稀释液	—	70.0	77.6	Wu等（2019）

（续表）

冷冻保护剂	品系	周龄	精液稀释液	抗氧化剂	解冻后活力（%）	受精率（%）	参考文献
8%甘油	丹达拉维鸡	52	雷克（Lake）	—	35.7	50.0	Abouelezz等（2017）
8%甘油	罗斯	30	雷克（Lake）	—	45.0	45.1	Mehdipour等（2020）
8%甘油	罗斯	25	贝兹威尔（Beltsville）	虾青素	68.6	—	Najafi等（2020b）
8%甘油	罗斯	28	贝兹威尔（Beltsville）	—	70.1	60.0	Mehdipour等（2018）
8%甘油	罗斯	104	贝兹威尔（Beltsville）	番茄红素	68.1	62.2	Najafi等（2018a）
8%甘油	罗斯	25	—	薯属原	73.8	—	Najafi等（2018b）
8%甘油	白来航	30	贝兹威尔（Beltsville）	维生素E和硒	79.3	—	Safa等（2016）
8%甘油	罗斯	30	贝兹威尔（Beltsville）	谷氨酰胺	65.9	—	Khiabani等（2017）
11%甘油	泰国本地鸡	30~40	雷克（Lake）	—	—	83.3	Aurore等（2019）
11%甘油	罗斯	32	贝兹威尔（Beltsville）	维生素E	81.2	—	Moghbeli等（2016a）
				过氧化氢酶	79.4		
11%甘油	伊朗鸡	35	贝兹威尔（Beltsville）	维生素E	77.9	—	Moghbeli等（2016b）
				过氧化氢酶	78.1		
8%EG	加古斯	32	LR稀释液	—	17.5	48.1	Murugesan 和Mahapatra（2020）
8%EG	罗斯	52~77	Kobidil$^+$稀释液	—	46.6	—	Miranda等（2017）

（续表）

冷冻保护剂	品系	周龄	精液稀释液	抗氧化剂	解冻后活力（%）	受精率（%）	参考文献
10%EG	泰国本地鸡	52	布卢姆贝格（BHSV）	—	57.0	—	Khunkaew等（2021）
4%DMA	伯琴L.科内萨	104	LR84稀释液	—	14.0	—	O'Brien等（2022）
6%DMA	洛岛红	32~36	LCM稀释液	—	48.0	79.0	Stanishevskaya等（2021）
6%DMA	黑凤鸡	17~18	LR稀释液	—	54.0	77.6	Tang等（2021）
6%DMA	绿腿鹧鸪		EK稀释液	褪黑激素	34.7	—	Mehaisen等（2020a）
6%DMA	梅里卡内尔德拉布里安扎	32~52	雷克（Lake）	—	54.6	—	Zaniboni等（2014）
6%DMA	绿腿鹧鸪	—	EK稀释液	N-乙酰-L-半胱氨酸	15.7	—	Partyka等（2013）
				超氧化物歧化酶	12.7	—	
6%DMA	绿腿鹧鸪	—	EK稀释液	左卡尼汀	49.9	—	Agnieszka等（2017）
				月桂碱	52.2	—	
				氨基乙磺酸	53.6	—	
9%DMA	白来航	28	雷克（Lake）	—	24.2	45.0	Mosca等（2019）
4%DMSO	罗斯	58	贝兹威尔（Beltsville）	谷胱甘肽	43.7	—	Zhandi等（2022）
4%DMSO	罗斯	58	贝兹威尔（Beltsville）	氧化锌	53.5	—	Zhandi等（2020）
6%DMF	洛岛红	52~104	施拉姆（Schramm）	—	57.6	87.4	Chauychu-Noo等（2021）

（续表）

冷冻保护剂	品系	周龄	精液稀释液	抗氧化剂	解冻后活力（%）	受精率（%）	参考文献
6%DMF	泰国本地鸡	25	布卢姆贝格（BHSV）	—	64.3	91.2	Thananurak等（2019）
6%DMF	泰国本地鸡	52~104	施拉姆（Schramm）	—	58.2	91.9	Chuaychu-Noo等（2016）
6%DMF	泰国本地鸡	40~63	布卢姆贝格（BHSV）	半胱胺酸	60.1	69.9	Thananurak等（2020）
				麦角新碱	57.6	66.8	
				丝氨酸	62.7	90.9	
6%DMF	泰国本地鸡	—	布卢姆贝格（BHSV）	—	68.8	73.4	Thananurak等（2020）
			Sasaki稀释液	—	68.5	77.3	
			TNC稀释液	—	66.3	90.3	
—	罗斯	32	雷克（Lake）	Mito-TEMPO	60.2	65.3	Masoudi等（2019）

一、精液冷冻稀释液

相对于短期保存，精液的冷冻稀释液不仅要满足精子基础的生存需求，还要负责缓解冷冻和解冻对精子造成的损伤，因此，稀释液组成与鸡精子冷冻保存效果有着密切的联系。

渗透压对于精液冷冻稀释液是十分重要的指标，适宜的渗透压可以在降温和平衡过程中使精子内部的水分渗出，既可以使精子部分适度脱水而降低运动速度，又避免了精子在冷冻时内部形成较大的冰晶进而对自身造成损伤。

稀释液的pH值对精子冻存也有着重要的作用。尽管冷冻过程中精子的绝大多数代谢被抑制，但由于精液冻存时间通常长达数年之久，细胞内外环境的变化也是不可忽视的。同时，冷冻稀释液的pH值还需要满足冻前和解冻后的精子生理需要，因此冷冻稀释液的pH值要高于短期保存的要求。何孟纤等（2022）报道Beltsville稀释液冻存鸡精子表现在6种稀释液中较差，可能与其pH值（7.5）较高有关。

目前大多稀释液中均含有糖类、谷氨酸盐、柠檬酸盐，适量的K^+、Mg^{2+}、青霉素等成分。每种稀释液都有自己的特殊组分和组成，其物理性质有精确的限制，这些物理性质会随着温度的微小变化以特定的顺序变化，溶质之间或溶质与溶剂之间存在着相互作用。此外，精液冻存效果还与稀释倍数有关。因此，在开展精液冷冻工作时，尤其是地方品种，需要对稀释液进行严格筛选，以实现理想的冷冻效果。

二、精液冷冻保护剂

精子在冷冻过程中，当温度降低到冰点以下时，不仅在细胞外液，而且细胞内液也有冰晶产生，会对精子造成致命性的物理损伤。因此，为使细胞内部不产生冰晶，冷冻保存液中必须添加适量的抗冻保护剂。

精液冷冻保护剂主要分为渗透性和非渗透性保护剂。常见的渗透性保护剂包括甘油、二甲基亚砜（DMSO）、二甲基乙酰胺（DMA）、甲基乙酰胺（MA）、乙二醇（EG）、二甲基甲酰胺（DMF）等。非渗透性保护剂有聚乙烯吡咯烷酮（PVP）、聚乙二醇（PEG）、蔗糖、海藻糖（双糖）和棉子糖（三糖）等，已广泛用于鸡精液的低温保存。

1. 甘油

甘油是精液冷冻最常用的保存效果最好的一种保护剂。渗透性保护剂是一类多羟基化合物，羟基易与水结合形成亲水性很强的氢键，在冷冻过程中会限制水分子结晶和干扰水分子晶格排列，阻止水形成冰晶。同时由于渗透性很强，能够促使精子内部的水分子排出，避免因渗透压差造成的细胞快速脱水。

甘油在鸡精液冷冻中最常用的浓度为11%。一般认为，在一定范围内，甘油浓度与解冻后精子活力正相关。作者团队研究发现，5%、9%和11%浓度甘油组的精子解冻后活力显著高于3%和13%浓度甘油组。但也有研究报道8%、7%、6%、4%浓度甘油的精子受精率无明显差异。过高的甘油浓度（>15%）可能会产生毒性作用，同时大幅升高稀释液的渗透压使精子脱水，导致蛋白质变性，破坏细胞膜结构，其被称为"渗透性损伤"。因此，探索最佳的甘油浓度对于完善鸡冻精技术有着十分重要的意义。

稀释精液中甘油的存在会阻碍正常受精，因此解冻后需要对甘油进行移除。移除甘油的方法有逐步稀释法和色谱柱离心法。逐步稀释法通过逐步改变稀释液的渗透压，使甘油分子从精子细胞内渗出，是目前最常用的甘油移除方法。越高的终末稀释比说明甘油移除效果越好，同时对精子的损伤也越大。目前许多研究探索了适合鸡冻精甘油移除的稀释比例。Blesbois等（2007）报道11%的甘油稀释液通过高比例稀释（1∶19）可以获得较高的受精率。作者团队比较了不同稀释比例（1∶2、1∶4和1∶8）对不同甘油浓度（5%、7%、9%和11%）的移除效果，结果发现5%甘油1∶2组合的受精率最高（48.70%），11%甘油1∶2组合的受精率最低（7.63%）。综合处理时间和移除效果，认为低浓度甘油和低比例稀释（5%，1∶2）是适合鸡精液冷冻的甘油使用方案。通过不连续的Accudenz色谱柱离心分离也可以移除甘油，此方法不用逐步稀释，但也存在成本较高、精子损失大的缺点。

2. 二甲基乙酰胺（DMA）

DMA是另一种常用于鸡精液的冷冻保护剂。不同于甘油，DMA

对于鸡精子受精没有拮抗作用，不用经过去除即可用于输精，减轻了因去除保护剂对精子造成的损伤。但DMA对精子的毒性高于甘油，浓度过高会导致解冻后精子活力和受精率降低。目前，在鸡精液冷冻中常用的DMA浓度是6%。有研究人员采用6%DMA冷冻公鸡精子，解冻后受精率可达92.7%。尽管甘油冷冻保存技术中去甘油操作复杂，但受精率和稳定性都要优于DMA冷冻保存技术，所以甘油仍然是目前鸡精液冷冻保护剂的首选。

3. 其他渗透性保护剂

有研究人员通过研究添加DMSO和不同浓度的乙二醇对鸡冷冻精液质量的影响，发现两种保护剂解冻后的精子活力无显著差异，DMSO为7%时精子存活率最高。当采用DMF细管冷冻保存鸭子精液时，解冻后活力较好。以7%DMF冷冻公鸡精液，解冻后存活率和线粒体功能均显著提高，对顶体的损伤率显著降低。与DMF、DMA和MA相比，EG是最适合的冷冻保护剂。渗透性保护剂进入精子细胞的速度是高度可变的，不仅取决于保护剂的种类，而且还取决于精子的特异性。每个细胞内的冷冻保护剂都能引起特定的细胞毒性，目前为止，还未确定最适合鸡精液冷冻保存的保护剂。

4. 非渗透性保护剂

与渗透性保护剂不同，非渗透性保护剂不能进入细胞内，主要是通过增减细胞外的渗透压，使细胞内的水渗出细胞外，引起脱水和收缩，从而减少细胞内冰晶的产生。非渗透性保护剂的单独使用或与渗透性保护剂联合使用能够增加精子运动能力、精子膜完整性和受精率。添加蔗糖可显著提高解冻后精子的活力、精子膜和顶体完整性及线粒体功能，受精率最高可达91%；使用棉子糖后受精率也可达到66%~70%。海藻糖在冷冻保存过程中不仅可以提高复融后精子活力，还可以改变公羊精子的蛋白质结构。此外，海藻糖可能通过抗氧化、参与糖酵解和增加精子各方面的耐受性从而对精子起保护作用。海藻糖和/或蔗糖与DMA联合使用，对火鸡精子的保护效果比单独保护剂好。PVP也是甘油的典型补充剂，两种保护剂通常组合使用。总之，冷冻保护剂对于精子冷冻保存是不可或缺的，选择对精子的毒性小、保护作用强、成本低的冷冻保护剂对精液冷冻保存技术的发展是至关重要的。

三、抗氧化剂

由于精子的精子膜主要富含多不饱和脂肪酸，在冷冻过程中产生的ROS影响下，精子膜中磷脂发生氧化，最终导致脂质过氧化。脂质过氧化会导致精子出现不可逆的运动性能及DNA损伤，最终丧失受精能力。因此，过量ROS的产生是冷冻保存中影响精子质量的主要不利因素之一。新鲜精液中存在天然的抗氧化剂，如超氧化物歧化酶（SOD）和过氧化氢酶（CAT），但冷冻前的精液稀释也会降低抗氧化剂的浓度，使精子易受氧化应激的影响。在冷冻精液中添加抗氧化剂可以改善精子运动能力和生存能力，提高保存效果，已经受到许多研究人员的关注。

抗氧化剂包括酶促抗氧化剂和非酶促抗氧化剂。酶促抗氧化剂也被称为天然抗氧化剂，包括谷胱甘肽过氧化物酶、谷胱甘肽还原酶、超氧化物歧化酶和过氧化氢酶，均能参与精子天然抗氧化防御系统。非酶抗氧化剂，也被称为合成抗氧化剂或膳食补充剂，包括还原型谷胱甘肽、尿酸、抗坏血酸、维生素E、类胡萝卜素、泛素、牛磺酸和次牛磺酸、硒和锌。在公鸡精液冷冻保存过程中补充抗氧化剂，如L-肉碱、次牛磺酸、牛磺酸、半胱氨酸和超氧化物歧化酶可以提高解冻后精子质量。在精液稀释液中添加维生素E、白藜芦醇、透明质酸、丝氨酸和褪黑素等可以稳定和保护线粒体、细胞膜免受氧化应激，冷冻后公鸡精液质量明显提高。

维生素E是一种位于细胞膜上的强效亲脂性抗氧化剂，它可以破坏膜脂肪酸侧链中ROS形成的共价键。在精液稀释液中添加维生素E和维生素C可以提高冷冻精子的存活率和质量参数。α-生育酚是维生素E中最有效的脂溶性抗氧化物，能中和脂质自由基。因此，α-生育酚可以作为抗ROS和脂质过氧化的膜保护剂，但不能抑制ROS的生成。α-生育酚在体内和体外均能保护细胞免受氧化损伤。在冷冻保护剂中补充维生素E（5 mmol/L）可以提高解冻后精子的活力，并保持精子DNA的完整性。但α-生育酚的作用可能因其浓度而改变。高浓度时，它可能是一种氧化刺激剂而不是抗氧化剂。

谷胱甘肽（GSH）是哺乳动物细胞中主要的非蛋白硫醇化合物，直接参与ROS的中和，并维持外源性抗氧化剂如维生素C和维生素E的活性。谷胱甘肽的巯基基团能保护细胞免受氧化剂、亲电分子和自由基的侵害。谷胱甘肽过氧化物酶利用GSH将过氧化氢还原为H_2O，将脂过氧化物还原为烷基醇。谷胱甘肽还原酶可以使GSH从氧化形态再生，谷胱甘肽还原酶的活性在氧化应激下是可诱导的。谷胱甘肽含量及其抗氧化防御能力在冻融过程中发生变化，可能是由于氧化应激和细胞死亡的影响，因此在冷冻稀释液中添加谷胱甘肽会产生不同的结果。

L-半胱氨酸是一种低分子量的非必需氨基酸，含有硫醇。在体外和体内研究表明，它很容易穿透细胞膜参与细胞内谷胱甘肽的生物合成，通过间接清除自由基来保护细胞膜脂质和蛋白质；它还可以作为膜稳定剂并参与调控精子的顶体反应。研究表明，L-半胱氨酸可增强解冻后精子的活力、染色质结构和膜完整性。

硒供应不足与大鼠、小鼠、猪、羊和牛的精子质量下降有关。当冷冻前添加硒时，解冻后鸡精子活力显著升高，膜完整性和精液总抗氧化能力也有所改善，并可降低精子DNA损伤。值得注意的是，过高的硒添加可能导致精子受损。

使用抗氧化剂已经成为防止低温损伤的常规保护方法。然而，由于目前对抗氧化剂的功能了解不完全，抗氧化剂甚至可能转化为影响细胞功能的有毒成分，因此这种策略不能完全克服冷冻保存引起的所有损伤。近年来，一种新的方法被应用于冻存精液。在冷冻前诱导的轻度亚致死应激，如渗透应激或氧化应激，可以增加精子对低温损伤的耐受性。目前，众多研究人员致力于探索抗氧化剂在冷冻精液中的作用，但是由于抗氧化剂种类繁多，作用机制尚未清晰，所获的试验结果也不一致。因此，还需要不断筛选适合于鸡冷冻精液的抗氧化剂。

四、平衡时间

由于精子的特性，导致其在冷冻保存时无法进行快速降温。在加入冷冻保护剂至冷冻前需要经过一定时间的平衡过程。一定的平衡时间不仅可以避免精子遭受低温打击而导致死亡，同时也能减少冷冻保护剂对精子的毒害作用。最佳平衡时间取决于冷冻保护剂和试验条件。采用8%甘油时，平衡90 min的冷冻效果明显优于30 min。以甘油、DMSO、DMA及DMF作为冷冻保护剂冷冻鸭精液时，平衡10 min优于0 min及30 min。采用6%DMA进行精液冷冻保存研究中发现，平衡时间为30 min解冻后精子的活力和存活率较好。由于DMA的毒性，当使用较高浓度的DMA作为冷冻保护剂时，应该缩短平衡时间。当使用不同冷冻保护剂时的平衡时间长短不一，对于一些现场工作，如果平衡时间长短对冷冻效果影响不显著，建议可以缩短平衡时间以提高集中冷冻的效率。

五、冷冻精液包装类型

冷冻精液包装类型有3种：玻璃安瓿、塑料细管和颗粒。玻璃安瓿是最早用于鸡精液储存的容器，但玻璃安瓿在冷冻过程中可能存在爆炸隐患。塑料细管和颗粒是目前最为常用的两种精液冷冻包装类型。

塑料细管冻精具有冷冻快、温度均匀、用量标准、标记清晰、解冻方便和授精方便等特点。颗粒冻精具有解冻后不用移除甘油可直接用于人工输精的优势，但也有着不便取用、难以标记、易污染的缺点。

当使用不同冷冻保护剂时，采用特定冷冻包装形式可能会获得更好的效果。在鸡精液冷冻上，主要采用甘油细管和DMA颗粒冷冻方案。法国禽类精液冷冻库研究发现，使用两种方法的精子冻存效果没有明显区别。所采用的细管规格对冻精保存效果也有一定影响。一项对公猪精液的研究表明，细管规格越小，低温保存效果越好（Hernandez et al.，2007）。另一项对羊精液的研究也发现，使用0.25 mL细管包装的精液可获得最高的产羔率，无论采用何种解冻程序，其数值均优于0.5 mL细管（Nordstoga et al.，2009）。然而，作者团队研究发现，鸡精子活力在0.5 mL和0.25 mL细管之间无显著差异，甘油浓度和细管类型对精子运动参数无显著互作效应（Zong et al.，2022），细管规格对鸡精子冻存的影响仍需进一步研究探明。

六、冷冻与解冻速率

最佳的冷冻和解冻速率可减轻细胞内冰晶形成、细胞收缩和多重渗透梯度所造成的损害，这些条件对于建立成功的精液冷冻保存方法至关重要。中间温度区（−15～−60℃）是保证精子细胞存活的关键点。鸡精液冷冻保存程序主要采取两步冷冻法，分为慢速降温和快速降温两个阶段。慢速降温（5～−35℃）可以使冷冻保护剂逐步渗透入细胞内，而快速降温（−35～−120℃）可使细胞快速穿过危险温区从而减少冰晶的形成。将精液以1℃/min的速率冷却到−35℃后浸入液氮，可大大提高精子冻后受精率。在快速降温阶段，采用−5℃/min、−7℃/min与−10℃/min的降温速率能够获得较理想的受精率。精液冷冻适合的降温速率还与选择的保护剂类型有关。在使用11%的甘油做冷冻保护剂时，以−7℃/min的冷冻速率获得了83%的受精率。家禽精液冷冻主要采用液氮熏蒸冷冻法和自动程控冷冻法。前者通常由人为手动控制精液到液氮液面的距离；后者则需要复杂、昂贵、庞大的设备来实现。通过自动程控冷冻法可以实现分步降温，更精确地控制降温速率，目前越来越受到科研单位和冻精生产企业的青睐。

解冻过程会再次通过中间温度区，因此解冻速率的控制对于保持精子受精能力也至关重要。适宜的解冻速率可以调节冰晶的生成并降低精子损伤。解冻温度多以50～60℃最为适宜，但也有研究人员选择解冻温度为37℃左右。低温慢速解冻法也是一种有效的冻精解冻方案，即将细管冻精浸入4～5℃水浴中解冻。在鸡精液冷冻程序中，应该快速冷冻对应快速解冻，慢速冷冻对应慢速解冻。然而，解冻速率也取决于所使用的冷冻保护剂，用甘油或DMA冷冻精液时，在5℃或60℃解冻可以获得理想的受精率。由于不同品种精子耐受力不同，精液冷冻前需做相应的冷冻速率研究。

第三节　公鸡精子冷冻损伤机制

冷冻保存会降低解冻后精子的活力和活率，并损害精子顶体、精子膜和DNA的完整性。这些损伤的可能机制可以概括为冰晶化损伤、热休克、渗透休克和氧化应激等。与哺乳动物相比，鸡精子对冷冻更加敏感。与新鲜精液相比，冷冻后的鸡精液受精率发生大幅降低。目前对冷冻降低鸡精子受精率的原因并不完全清楚，可能与其特殊的细胞形态和生理结构有关（图7-1）。

一、鸡精子结构易受冷冻损伤

在主要畜禽品种中，鸡精子的形态结构存在明显的特殊性。鸡精子的头部宽度和尾部没有明显区别，与公牛等家畜相比，鸡精子头

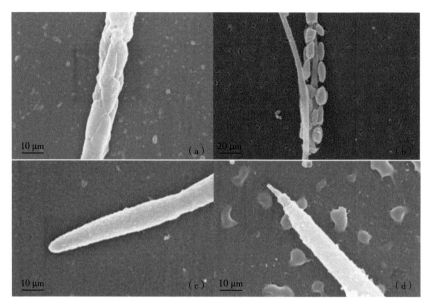

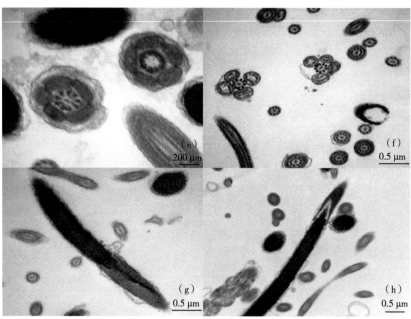

（a）新鲜精子线粒体；（b）解冻后精子线粒体；（c）新鲜精子顶体；（d）解冻后的精子顶体；（e）新鲜精子线粒体；（f）解冻后精子线粒体；（g）新鲜精子顶体；（h）解冻后精子顶体。

图7-1 新鲜和冷冻-解冻后鸡精子的扫描电镜和透射电镜分析

部的体积更小。因此，在冷冻过程中，鸡精子头部所能容纳的保护剂十分有限，可能导致了保护剂的保护效果低于其他物种。此外，鸡精子尾部比其他动物更长，在冷冻和解冻过程更容易受到损伤，尾部是精子运动力的主要来源，这可能是导致冷冻后鸡精子活力和受精率大幅降低的原因之一。

二、鸡精子膜易受冷冻损伤

在精液的冷冻过程中，大部分水分形成结晶，导致精子膜的损伤，主要表现为在精子颈部发生畸形。研究报道新鲜鸡精液的颈部畸形率只有0.9%，受精率在85.9%，而冷冻后的精子颈部畸形率高达49.1%，受精率仅有46.8%。有研究人员通过透射电镜观察发现，冷冻保存后的鸡精子大部分出现顶体和顶体后部的肿胀，严重者精子膜已经完全遭到破坏，顶体与颈部发生分离。因此，精子膜和顶体损伤可能是鸡精子冷冻后繁殖力下降的又一主要原因。

三、鸡精子膜易受氧化损伤

精子冷冻和冻融过程伴随着精子环境渗透压的变化，而精子膜的渗透性和流动性是适应渗透压变化的关键因素。鸡精子膜含有很高比例的不饱和脂肪酸，在冷冻诱导精子产生的ROS影响下，精子膜上不饱和脂肪酸发生过氧化反应，进而损伤精子膜。由于鸡精子膜的特点，与其他家畜相比更容易发生脂质过氧化，导致精子内线粒体膜和精子膜的破损，进而造成不可逆的运动力丧失、细胞内酶泄漏、精子DNA损伤或卵母细胞穿透困难以及精卵融合困难。另外，精子线粒体膜电位的改变也与ROS的增多相关，使线粒体内与ATP生成有关的酶活性发生改变，进一步使线粒体中的DNA发生损伤，这些损伤使线粒体的呼吸功能下降，ATP的产生减少，线粒体膜电位下降，进而使得精子活力和受精能力大大降低。

第四节 精子抗冻性差异

精子抗冻性反映精子耐受冷冻处理的能力，通常以解冻后精子存活率和精子活力作为参考指标。精子抗冻性在物种、品种以及个体间均存在明显差异，不同品种精子抗冻性的巨大差异可能与遗传有关。个体间抗冻性差异可能与精子膜的化学成分有关，直接影响精子膜的流动性和渗透性。研究表明，精子膜流动性与精子抗冻相关，可用于预测冷冻后精子的受精能力。精子抗冻性受到其他因素的影响，如鲜精液中形态异常的精子一定会比形态正常的精子抗冻性差，经过冷冻复苏过程后，比形态正常的精子更容易死亡。目前关于鸡精子抗冻性的相关研究较少，抗冻性差异产生的机制尚不清楚。

一、遗传背景对鸡精子抗冻性的影响

鸡精子抗冻性在品系间、个体间存在差异。有研究报道肉用品种（白洛克和考尼什）公鸡精液冷冻受精率显著低于蛋用品种（如白来航和新汉夏）。黄素红（2007）研究发现不同品种、品系、个体的公鸡抗冻性都存在一定区别。此外，日龄也是造成抗冻性差异的因素之一。作者团队采用相同的冻精方案，发现3个品种公鸡精子的抗冻性存在明显差异，其中北京油鸡公鸡精子抗冻性和受精率优于洛岛红和白来航，这说明品种的遗传背景可能与精子抗冻性相关。洛岛红冷冻精子活力的变异系数约为新鲜精液的4倍，说明由于抗冻性能差异，精子活力表现出更大的变异。同时通过相关性分析发现，鲜精液精子活力与精子抗冻性无显著相关，而冻精液精子活力与精子抗冻性显著相关，进一步提示鲜精液的精子活力不能够作为预示冷冻保存效果的指标。为了保证较高的冻精受精率，在选择冻精个体的时候，以冷冻后精子活力高低作为依据更为准确。

二、与鸡精子抗冻性相关的精浆生化指标

鸡精子抗冻性的差异可能与精浆组分有关。精浆中果糖、丙二醛含量以及超氧化物歧化酶活性与冷冻后精液品质和受精率均密切相关。

1. 果糖

哺乳动物精浆中的果糖主要来源于血液中的葡萄糖，血液中的葡萄糖经过一系列的酶促反应，由精囊腺分泌到精液中，此外还可以通过糖原的分解为精浆提供果糖。精囊细胞中的睾酮在5α-还原酶的作用下变成双氢睾酮，可促进果糖的合成和分泌。鸡精浆中果糖主要是通过无氧酵解和三羧酸循环，释放精子运动需要的能量，促进受精和受精卵的形成。在人医研究中，生育障碍组的精浆果糖含量显著低于正常生育组。高精子存活率的精浆果糖含量显著高于低活率的个体，且精浆果糖与精子存活率存在一定的相关性。在医学中，精浆中果糖的含量还用来衡量疾病的种类和严重程度。但是在精液冷冻的研究中，很多稀释液通过添加果糖来提高解冻后精子的复活率和受精率。精浆本身含有一定量的果糖，在精液冷冻保存过程中添加额外果糖的精子冷冻后复活率显著高于不添加的精子，但是添加量过高的精子解冻后复活率也会显著降低。

2. 超氧化物歧化酶（SOD）

SOD是精液中的主要抗氧化酶之一。SOD有3种类型，存在于线粒体中的主要是含锰型，胞浆中主要是含铜锌型，高分子的SOD主要存在于细胞外，组织有氧代谢的重要产物是活性氧。适量的ROS在组织的正常功能中起重要作用，但是过量的ROS会对组织产生损伤。机体受到一定刺激后，机体会产生大量ROS诱发脂类过氧化反应，使得膜上的长链不饱和脂肪酸发生过氧化反应，从而损伤

精子膜。精液中的SOD主要是通过清除自由基，在精子氧化代谢时对精子膜和顶体起到保护作用，从而保护精子的正常生理活动屏障。精液在冷冻过程中精子膜的完整性也会遭到破坏，SOD在人和牛冷冻解冻后精液中的活性较冷冻保存前显著降低。鸡的精液经过冷冻保存后精液中SOD的活性也有变化，解冻后精液中SOD的活性降低。

3. 丙二醛（MDA）

MDA是ROS攻击细胞膜产生的过氧化终产物之一，丙二醛含量的增加，对精子有一定的毒害作用。MDA的含量可以作为一个衡量细胞内脂质过氧化程度的指标，进而反映出精子受ROS攻击后的损伤程度。在医学研究中，精浆中MDA含量增加可表示此时精子运动能力的下降，精浆中MDA的含量和SOD的活性也已经成为判断与精子疾病相关的临床指标。冷冻保存过程中精子在低温的刺激下，精子的脂质过氧化反应会显著增强，研究表明鸡精液经过冷冻解冻后精浆中MDA的含量会显著增加，同时精浆中SOD的活性也显著下降。

三、精子抗冻性相关的候选基因

精子抗冻性还可能受到基因的调控。在成熟精子细胞中，转录和翻译是非常有限的。蛋白质是细胞生命活动及其功能的主要执行者，不同的蛋白质分子承担着不同的功能。精子的蛋白质组体系由碱性蛋白、酸性蛋白、膜蛋白等共同构成，对精子的功能具有重要影响。通过研究冷冻后不同复活率的人精子相关蛋白，在精子和精浆中共发现了22个差异表达蛋白可能会影响人精子的抗冻性（张欣宗和熊承良，2013）。

热休克蛋白（Heat shock protein，HSP）广泛存在于单细胞生物和高等动物中。HSP是生物体在经历温度变化、组织损伤、氧化剂和超低温等刺激下广泛合成的蛋白，又称热应激蛋白。HSP70家族的蛋白有相同的等电点和生化特性，在应激时可以大量快速表达，抵抗应激产生的损伤。HSP70通过参与蛋白的合成，促进细胞的增殖，以及调节细胞内酶引起的蛋白功能变化，在细胞处在应激状态时快速表达。HSP90可以抵抗细胞氧化、细胞凋亡等的应激情况，在信号转导以及翻译起始阶段发挥重要作用。研究表明HSP90的表达量与精子活力存在中等程度的正相关。

*TEKT4*和*TEKT5*基因编码的蛋白都属于TEKTIN蛋白家族，TEKTIN蛋白是微管、微丝（纤毛和鞭毛）相关的外偶极微管的结构成分，也存在于细胞中心体和细胞质基质中，是构成细丝的聚合物。*TEKT4*基因缺失时，精子运动能力会显著降低，不能合理利用能量，且能量消耗增多，从而影响精子的活力和受精情况。弱精症、不育症状等发生可能与*TEKT4*基因低表达显著相关。*TEKT5*基因的适量表达，是维持精子正常运动能力所必需的，而*TKET5*基因表达水平降低可能会直接导致弱精症的发生。鸡精子冷冻前后，*TEKT4*基因的表达倍数是0.35，*TEKT5*基因是0.58，*TEKT4*和*TEKT5*基因在精子冷冻后的表达量显著下降。

冷诱导的RNA结合蛋白（Cold-inducible RNA-Binding protein，CIRBP），属于甘氨酸含量丰富的RNA结合蛋白（Gycine-rich RNA-binding protein，GRP），在真核细胞中的合成受环境应激的调控。可以调节细胞在冷刺激情况下细胞增殖的抑制，冷刺激后表达上调，与特异性靶基因结合，提高mRNA的稳定性、抵抗细胞凋亡。小鼠和人的精子在高温的刺激下*CIRBP*基因表达量下调。精液冷冻保存的牛精子中*CIRBP*基因表达较冷冻保存前显著降低。

*PRKCA*基因是蛋白激酶C（Proteinkinase C，PKC）家族的成员，PKC是细胞质酶，具有多种功能。细胞处于正常状态时，PKC主要游离存在胞质中，处于相对静止的状态。细胞受到刺激后，第二信使促使PKC成为膜结合的酶，从而激活细胞质中相关的酶，调控细胞中的

生化反应，还可与细胞核中的转录因子作用，调控基因表达。PRKCE也是PKC蛋白家族的一种蛋白，存在于精子尾部主段，可能与精子的活力、顶体反应相关。牛精液在冷冻保存之后PRCKE的表达量上调。鸡的精液冷冻后，精子中PKC抑制剂下调。PKC抑制剂的减少也可能会导致PKC在鸡精子中的激活。激活PKC可能导致鞭毛运动增加和家禽精子的顶体反应。以上均表明精子抗冻性不仅受到冷冻保存条件的影响，还会受到相关基因的调控。

种公鸡精液体外保存的思考和展望

精子冷冻保存对于种质资源的易位保存具有重要意义，同时，也能够最大限度地利用优秀畜禽，加快群体的遗传改良。但目前家禽精液冷冻技术尚未达到稳定且高效的水平，在家禽实践生产中还没有很好地推广应用，精子抗冻性差异尚未完全揭示。精子冷冻损伤的主要形式是蛋白质等大分子的功能和含量的改变，精子经冷冻—解冻过程会发生精子蛋白缺失、表达水平异常等情况。通过对精液中不同抗冻性的精浆蛋白质组进行分析，并确定候选蛋白质，用于探索精子耐低温的分子机制。许多蛋白质组学研究已经成功地确定了预测各种物种精子耐低温能力的潜在标记物。从蛋白质水平来探究冻融前后精子损伤机理，为完善鸡精液冷冻保存方法提供了新的思路。

鸡精液冷冻保存对于家禽业的生产和遗传资源保护具有至关重要的意义，但鸡的精液冷冻保存还有很多技术难题需要解决，没有建立起规范的技术标准。如何解决精子在冷冻时膜结构的完整性遭到破坏，精浆内的能量物质如何被保存而不会在解冻后失能，还有精液复苏后如何提高精子的穿卵能力，都需要深入研究。未来的研究应该侧重无毒无害冷冻保护剂的挖掘，细化冷冻保护剂和抗氧化剂对精子不同部位的保护作用，加强精子抗冻性的机制研究，以期得到保护作用全面、没有生殖毒性、经济实用的综合鸡精液稀释液，从而进一步提高鸡精液冷冻水平，早日应用于生产实践。

参考文献

何孟纤，汪俊跃，孙玲伟，等，2022. 6种鸡精液冷冻稀释液以及冻后保存条件比较[J]. 中国农业科技导报，24（10）：53-61.

黄素红，2007. 鸡精液冷冻保存技术研究[D]. 兰州：甘肃农业大学.

张欣宗，熊承良，2013. 影响人类精子耐冻性的蛋白质分析[J]. 中华男科学杂志，19（3）：214-217.

ABOUELEZZ F M K, SAYED M A M, SANTIAGO-MORENO J, 2017. Fertility disturbances of dimethylacetamide and glycerol in rooster sperm diluents: discrimination among effects produced pre and post freezing-thawing process[J]. Animal Reproduction Science, 184: 228-234.

AGNIESZKA P, OLGA R, JOANNA B, et al., 2017. The effect of l-carnitine, hypotaurine, and taurine supplementation on the quality of cryopreserved chicken semen[J]. BioMed Research International, 6: 1-8.

AMINI M, KOHRAM H, ZARE S A, et al., 2015a. The effects of different levels of vitamin E and vitamin C in modified Beltsville extender on rooster post-thawed sperm quality[J]. Cell Tissue Bank, 16: 587-592.

AURORE T, AMÉLIE B, FRANOIS S, et al., 2018. Chicken semen cryopreservation and use for the restoration of rare genetic resources[J]. Poultry Science, 98: 447-455.

BLESBOIS E, SEIGNEURIN F, GRASSEAU C, et al., 2007. Semen cryopreservation for ex situ management of genetic diversity in chicken: creation of the French avian cryobank[J]. Poultry Science, 86: 555-564.

CHAUYCHU-NOO N, THANANURAK P, BOONKUM W, et al., 2021. Effect of organic selenium dietary supplementation on quality and fertility of cryopreserved chicken sperm[J]. Cryobiology, 98: 57-62.

CHUAYCHU-NOO N, THANANURAK P, CHANKITISAKUL V, et al., 2016. Supplementing rooster sperm with cholesterol-loaded-cyclodextrin improves fertility after cryopreservation[J]. Cryobiology, 74: 8-12.

FATTAH A, SHARAFI M, MASOUDI R, et al., 2016. L-Carnitine in rooster semen cryopreservation: flow cytometric, biochemical and motion findings for frozen-thawed sperm[J]. Cryobiology, 74: 148-153.

GIRAUD M N, MOTTA C, BOUCHER D, et al., 2000. Membrane fluidity predicts the outcome of cryopreservation of human spermatozoa[J]. Human Reproduction, 15 (10): 2160-2164.

HERNANDEZ M, ROCA J, CALVETE J J, et al., 2007. Cryosurvival and *in vitro* fertilizing capacity postthaw is improved when boar spermatozoa are frozen in the presence of seminal plasma from good freezer boars[J]. Journal of Andrology, 28 (5): 689-697.

KHIABANI A B, MOGHADDAM G, KIA H D, et al., 2017. Effects of adding different levels of glutamine to modified Beltsville extender on the survival of frozen rooster semen[J]. Animal Reproduction Science, 184: 172-177.

KHUNKAEW C, PATCHANEE P, PANASOPHONKUL S, et al., 2021. The sperm longevity and freezability in the modified BHSV extender of Thai Pradu-hangdum chicken[J]. Veterinary Integrative Sciences, 19 (2): 161-172.

LOTFI S, MEHRI M, SHARAFI M, et al., 2017. Hyaluronic acid improves frozen-thawed sperm quality and fertility potential in rooster[J]. Animal

Reproduction Science, 184: 204-210.

MASOUDI R, ASADZADEH N, SHARAFI M, et al., 2020. Effects of freezing extender supplementation with mitochondria-targeted antioxidant Mito-TEMPO on frozen-thawed rooster semen quality and reproductive performance[J]. Animal Reproduction Science, 225: 106671.

MASOUDI R, SHARAFI M, SHAHNEH A Z, et al., 2018. Supplementation of extender with coenzyme Q10 improves the function and fertility potential of rooster spermatozoa after cryopreservation[J]. Animal Reproduction Science, 198: 193-201.

MASOUDI R, SHARAFI M, SHAHNEH A Z, et al., 2019. Effects of reduced glutathione on the quality of rooster sperm during cryopreservation[J]. Theriogenology, 128: 149-155.

MEHAISEN G M K, PARTYKA A, LIGOCKA Z, et al., 2020a. Cryoprotective effect of melatonin supplementation on post-thawed rooster sperm quality[J]. Animal Reproduction Science, 212: 106238.

MEHDIPOUR M, DAGHIGH-KIA H, MOGHADDAM G, et al., 2018. Effect of egg yolk plasma and soybean lecithin on rooster frozen-thawed sperm quality and fertility[J]. Theriogenology, 116: 89-94.

MEHDIPOUR M, DAGHIGH-KIA H, NAJAFI A, et al., 2020. Effect of crocin and naringenin supplementation in cryopreservation medium on post-thawed rooster sperm quality and expression of apoptosis associated genes[J]. PLoS ONE, 15 (10): e0241105.

MEHDIPOUR M, DAGHIGH-KIA H, MARTÍNEZ-PASTOR F, 2020. Journal pre-proof poloxamer 188 exerts a cryoprotective effect on rooster sperm and allows decreasing glycerol concentration in the freezing extender[J]. Poultry Science, 99 (11): 6212-6220.

MEHDIPOUR M, DAGHIGH-KIA H D, NAJAFI A, et al., 2021. Type Ⅲ antifreeze protein（AFP）improves the post-thaw quality and in vivo fertility of rooster spermatozoa[J]. Poultry Science, 100：101291.

MIRANDA M, KULÍKOVÁ B, VAŠÍČEK J, et al., 2017. Effect of cryoprotectants and thawing temperatures on chicken sperm quality[J]. Reproduction in Domestic Animals, 53：93–100.

MOGHBELI M, KOHRAM H, ZARE-SHAHANEH A, et al., 2016a. Are the optimum levels of the catalase and vitamin E in rooster semen extender after freezing-thawing influenced by sperm concentration? [J]. Cryobiology, 72：264–268.

MOGHBELI M, KOHRAM H, ZARE-SHAHANEH A, et al., 2016b. Effect of sperm concentration on characteristics and fertilization capacity of rooster sperm frozen in the presence of the antioxidants catalase and vitamin E [J]. Theriogenology, 86：1393–1398.

MOSCA F, ZANIBONI L, SAYED A A, et al., 2019. Effect of dimethylacetamide and N-methylacetamide on the quality and fertility of frozen/thawed chicken semen[J]. Poultry Science, 98（11）：6071–6077.

MURUGESAN S, MAHAPATRA R, 2020. Cryopreservation of Ghagus chicken semen：effect of cryoprotectants, diluents and thawing temperature[J]. Reproduction in Domestic Animals, 55：951–957.

NABI M M, KOHRAM H, ZHANDI M, et al., 2016. Comparative evaluation of nabi and beltsville extenders for cryopreservation of rooster semen[J]. Cryobiology, 72（1）：47–52.

NAJAFI A, DAGHIGH-KIA H, HAMISHEHKAR H, et al., 2019a. Effect of resveratrol-loaded nanostructured lipid carriers supplementation in cryopreservation medium on post-thawed sperm quality and fertility of roosters[J]. Animal Reproduction Science, 201：32–40.

NAJAFI A, DAGHIGH-KIA H D, MEHDIPOUR M, et al., 2020. Effect of quercetin loaded liposomes or nanostructured lipid carrier（NLC）on post-thawed sperm quality and fertility of rooster sperm[J]. Theriogenology，152：122-128.

NAJAFI A，TAHERI R A，MEHDIPOUR M，et al.，2018a. Lycopene-loaded nanoliposomes improve the performance of a modified Beltsville extender broiler breeder roosters[J]. Animal Reproduction Science，195：168-175.

NAJAFI A，TAHERI R A，MEHDIPOUR M，et al.，2019b. Improvement of post-thawed sperm quality in broiler breeder roosters by ellagic acid-loaded liposomes[J]. Poultry Science，98：440-446.

NAJAFI D，TAHERI R A，NAJAFI A，et al.，2018b. Effect of Achillea millefolium-loaded nanophytosome in the post-thawing sperm quality and oxidative status of rooster semen[J]. Cryobiology，82：37-42.

NAJAFI D，TAHERI R A，NAJAFI A，et al.，2020. Effect of astaxanthin nanoparticles in protecting the post-thawing quality of rooster sperm challenged by cadmium administration[J]. Poultry Science，99（3）：1678-1686.

NORDSTOGA A B，SÖDERQUIST L，ÅDNØY T，et al.，2009. Effect of different packages and freezing/thawing protocols on fertility of ram semen[J]. Reproduction in Domestic Animals，44（3）：527-531.

O'BRIEN E，CASTAÑO C，TOLEDANO-DÍAZ A，et al.，2022. Use of native chicken breeds（Gallus gallus domesticus）for the development of suitable methods of Cantabrian capercaillie（Tetrao urogallus cantabricus）semen cryopreservation[J]. Veterinary Medicine and Science，8：1311-1318.

PARTYKA A，NIASKI W，BAJZERT J，et al.，2013. The effect of cysteine and superoxide dismutase on the quality of post-thawed chicken sperm[J]. Cryobiology，67：132-136.

REZAIE F S，HEZAVEHEI M，SHARAFI M，et al.，2021. Improving the post-thaw quality of rooster semen using the extender supplemented with resveratrol[J]. Poultry Science，100（9）：101290.

SAFA S, MOGHADDAM G, JOZANI R J, et al., 2016. Effect of vitamin E and selenium nanoparticles on post-thaw variables and oxidative status of rooster semen[J]. Animal Reproduction Science, 174: 100-106.

SHAHVERDI A, SHARAFI M, GOURABI H, et al., 2015. Fertility and flow cytometric evaluations of frozen-thawed rooster semen in cryopreservation medium containing low-density lipoprotein[J]. Theriogenology, 83 (1): 78-85.

SIARI S, MEHRI M, SHARAFI M, 2021. Supplementation of Beltsville extender with quercetin improves the quality of frozen-thawed rooster semen[J]. British Poultry Science, 63 (2): 252-260.

STANISHEVSKAYA O, SILYUKOVA Y, PLESHANOV N, et al., 2021. Effects of saccharides supplementation in the extender of cryopreserved rooster (Gallus domesticus) semen on the fertility of frozen/thawed spermatozoa[J]. Animals, 11 (1): 189.

STANISHEVSKAYA O, SILYUKOVA Y, PLESHANOV N, et al., 2021. Effects of saccharides supplementation in the extender of cryopreserved rooster (Gallus domesticus) semen on the fertility of frozen/thawed spermatozoa[J]. Animals, 11: 189.

TANG M, CAO J, YU Z, et al., 2021. New semen freezing method for chicken and drake using dimethylacetamide as the cryoprotectant[J]. Poultry Science, 100: 101091.

THANANURAK P, CHUAYCHU-NOO N, THÉLIE A, et al., 2019. Sucrose increases the quality and fertilizing ability of cryopreserved chicken sperms in contrast to raffinose[J]. Poultry Science, 98: 4161-4171.

THANANURAK P, CHUAYCHU-NOO N, PHASUK Y, et al., 2020. Comparison of TNC and standard extender on post-thaw quality and in vivo fertility of Thai native chicken sperm[J]. Cryobiology, 92: 197-202.

THANANURAK P, CHUAYCHU-NOO N, THÉLIE A, et al., 2020. Different concentrations of cysteamine, ergothioneine, and serine modulate quality and fertilizing ability of cryopreserved chicken sperm[J]. Poultry Science, 99（2）: 1185-1198.

WU B X, YANG X H, YAN H F, et al., 2019. Improving the quality of rooster semen frozen in straws by screening the glycerol concentration and freezing rate[J]. British Poultry Science, 61（2）: 173-179.

YOUSEFI M, NARCHI M, SHARAFI M, et al., 2021. Rooster frozen-thawed semen quality following sublethal xanthine oxidase treatments[J]. Animal Reproduction Science, 235: 106883.

ZANIBONI L, CASSINELLI C, MANGIAGALLI M G, et al., 2014. Pellet cryopreservation for chicken semen: effects of sperm working concentration, cryoprotectant concentration, and equilibration time during in vitro processing[J]. Theriogenology, 82（2）: 251-258.

ZHANDI M, TALEBNIA-CHALANBAR A, TOWHIDI A, et al., 2020. The effect of zinc oxide on rooster semen cryopreservation[J]. British Poultry Science, 61（2）: 188-194.

ZONG Y, SUN Y, LI Y, et al., 2022. Effect of glycerol concentration, glycerol removal method, and straw type on the quality and fertility of frozen chicken semen[J]. Poultry Science, 101: 101840.

后 记
Postscript

　　本书内容主要来源于中国农业科学院北京畜牧兽医研究所蛋鸡遗传育种创新团队十余年的研究工作积累。自2008年以来，团队坚持围绕地方种公鸡繁殖力低下问题开展研究工作，在首席专家陈继兰研究员的带领下，在全体师生的共同努力下，在营养调控、遗传机理和冷冻技术等方面取得了积极进展，为我国地方鸡种的遗传改良提供了一定的指引和参考。此外，本书的部分内容也参考了国内外同行的相关论著、图谱，在此一并致谢。

　　本书是在以下同学和老师的辛勤工作基础上顺利完成的。第二章中精液品质评定方法的制定主要由李云雷和宗云鹤完成；第三章中北京油鸡精液品质遗传参数估计是团队相关研究的开端，以胡娟同学为主，刘伟平、赵丽红等同学参与完成；第四章中北京油鸡弱精症相关研究主要由刘一帆、李云雷、薛夫光、毕瑜林等同学完成；第五章的主要研究工作由胡娟、富丽、黄子妍、许红完成；第六章主要完成人是刘伟平和王竹伟；第七章由宗云鹤和徐松山为主完成。在本书的写作过程中，导师陈继兰研究员负责策划和全程指导，李云雷、刘一帆、薛夫光、宗云鹤执笔，李琴同学参与部分整理工作。其他同学，包括李冬立、刘国芳、朱静、白皓、唐诗、刘念、华登科、马淑梅、石雷、王攀林、倪爱心、Adamu Mani Isa、Hailai Hagos、王园美、葛平壮、边世雄、范静、江琳琳和赵金蒙等也不同程度参与了试验研究，在此一并感谢。最后要感谢所有支持本工作的同事和同仁。

　　本书的付梓和相关研究工作的完成要特别感谢国家重点研发计划（2021YFD1200300）、现代农业产业技术体系（CARS-40）、国家自然科学基金（31372304，31672406，31961143028）和中国农业科学院科技创新工程等项目经费的支持。